U0337570

国家重点研发计划项目(2022YFC3004605)资助
国家自然科学基金项目(51974302、51934007)资助
中国博士后科学基金面上项目资助
江苏高校优势学科建设工程专项资金资助

煤矿覆岩空间结构型冲击矿压诱发机制研究

贺　虎　窦林名　著

中国矿业大学出版社

·徐州·

内 容 提 要

本书介绍了作者及其所在课题组针对煤矿覆岩空间结构型冲击矿压的科研成果,内容包括:煤矿覆岩空间结构的概念与形成条件、演化过程、类型划分,不同空间结构工作面采动应力演化规律,煤矿覆岩空间结构失稳机理与条件,覆岩空间结构失稳诱发冲击矿压条件与机理,覆岩空间结构型冲击矿压控制技术与实践。

本书可供从事冲击矿压、矿震或其他煤岩动力灾害等领域研究工作的科技工作者、研究生、本科生、工程技术人员参考使用。

图书在版编目(CIP)数据

煤矿覆岩空间结构型冲击矿压诱发机制研究 / 贺虎,
窦林名著.— 徐州:中国矿业大学出版社,2022.12

ISBN 978 - 7 - 5646 - 4771 - 1

Ⅰ.①煤… Ⅱ.①贺… ②窦… Ⅲ.①煤矿—矿山压力—冲击地压—岩石破坏机理—研究 Ⅳ.①TD324

中国版本图书馆 CIP 数据核字(2020)第 131363 号

书 名 煤矿覆岩空间结构型冲击矿压诱发机制研究
著 者 贺 虎 窦林名
责任编辑 马晓彦
出版发行 中国矿业大学出版社有限责任公司
　　　　　(江苏省徐州市解放南路 邮编 221008)
营销热线 (0516)83885370 83884103
出版服务 (0516)83995789 83884920
网 址 http://www.cumtp.com E-mail:cumtpvip@cumtp.com
印 刷 江苏凤凰数码印务有限公司
开 本 787 mm×1092 mm 1/16 印张 10.75 字数 205 千字
版次印次 2022 年 12 月第 1 版 2022 年 12 月第 1 次印刷
定 价 42.00 元

(图书出现印装质量问题,本社负责调换)

前　言

由于矿井采深加大、地质条件恶化、高强度集约化生产,以矿震、冲击矿压(冲击地压)、煤与瓦斯突出等为代表的动力灾害发生频度与致灾烈度呈急剧上升态势,严重制约着深部煤炭资源的安全高效开采。煤层开采后,上覆岩层发生破断运动,对巷道和采煤工作面施加静载荷和动载荷,诱发煤层顶板和冲击矿压灾害。而上覆岩层的运动不仅是单个工作面回采的结果,也可能是多个工作面回采共同作用的结果。微震监测表明,对于采用小煤柱护巷,尤其是覆岩中存在厚层坚硬关键层的矿井,冲击矿压震源往往集中在相邻采空区中的厚硬岩层中,说明了煤矿覆岩在空间上存在着结构,并且随着采空范围(边界条件)的不同,覆岩的空间结构是动态演化的。空间结构演化与失稳过程中造成的冲击矿压动力灾害,称为覆岩空间结构失稳型冲击矿压。

本书是在广泛参阅前人研究成果的基础上,根据作者几年来在冲击矿压方面的理论研究成果与工程实践而完成的。全书共分7章:第1章主要综述了国内外冲击矿压研究概况;第2章提出了煤矿覆岩空间结构演化模型;第3章通过相似材料模拟,研究了煤矿覆岩空间结构演化的运动规律;第4章采用数值模拟研究了不同覆岩空间结构下,煤体应力分布规律;第5章理论分析了采场覆岩结构失稳机理;第6章提出了煤矿覆岩空间结构失稳诱发冲击矿压机理与类型;第7章介绍了典型覆岩空间结构型冲击矿压的定西水力致裂控制技术。

本书在写作过程中参阅了大量的专业文献,谨向文献的作者表示感谢。衷心感谢中国矿业大学冲击矿压研究课题组牟宗龙教授、曹安业教授、刘海顺教授、巩思园副研究员、王桂峰副研究员、何江副教授、蔡武副教授、李许伟副教授、李小林副教授、范军老师的帮助。同时感谢中国矿业大学资源与地球科学学院、中国矿业大学矿业工程学院、煤炭资源与安全开采国家重点实验室、华亭煤业集团、兖州煤业集团、徐州矿务集团等单位的大力支持。感谢冲击矿压课题组的博士研究生、硕士研究生们，由于他们在书稿的文字录入、绘图排版和校对等方面的辛勤劳动，使得本书得以尽快出版与大家见面。

由于作者水平有限，书中难免存在不足之处，敬请读者不吝指正。

著　者

2022 年 2 月

目　　录

1 绪论 ……………………………………………………………… 1
　1.1 研究意义 …………………………………………………… 1
　1.2 采场岩层运动理论研究现状 ……………………………… 7
　1.3 冲击矿压国内外研究现状 ………………………………… 9
　1.4 顶板覆岩诱发冲击矿压研究 ……………………………… 14
　1.5 目前需要解决的问题 ……………………………………… 15
　1.6 本书主要研究内容、方法及创新点 ……………………… 15

2 煤矿覆岩"OX—F—T"空间结构演化的提出 ……………… 18
　2.1 引言 ………………………………………………………… 18
　2.2 覆岩整体空间结构形态 …………………………………… 19
　2.3 覆岩空间结构动态演化的条件 …………………………… 21
　2.4 覆岩空间结构动态演化过程 ……………………………… 26
　2.5 小结 ………………………………………………………… 31

3 煤矿覆岩"OX—F—T"空间结构演化的相似材料模拟 …… 32
　3.1 引言 ………………………………………………………… 32
　3.2 模拟试验设计 ……………………………………………… 32
　3.3 开挖过程覆岩运动规律 …………………………………… 35
　3.4 巨厚顶板覆岩运动模拟 …………………………………… 43
　3.5 小结 ………………………………………………………… 46

4 煤矿覆岩"OX—F—T"空间结构应力演化规律 …………… 49
　4.1 引言 ………………………………………………………… 49
　4.2 数值模拟软件的选择 ……………………………………… 49
　4.3 三维模型设计 ……………………………………………… 50
　4.4 "OX"型空间结构工作面应力分布规律 ………………… 52

4.5 "F"型空间结构工作面应力分布规律 …………………… 61

4.6 "T"型空间结构孤岛工作面应力分布规律 ……………… 69

4.7 "OX—F—T"覆岩空间结构应力演化规律 …………… 79

4.8 小结 …………………………………………………… 80

5 煤矿覆岩"OX—F—T"空间结构失稳机理 …………… 82

5.1 引言 …………………………………………………… 82

5.2 覆岩空间结构关键层的分类 ……………………………… 82

5.3 覆岩"OX"空间结构的形成与失稳机理 ……………… 83

5.4 覆岩"F"空间结构失稳机理 …………………………… 96

5.5 小结 ………………………………………………… 103

6 煤矿覆岩空间结构失稳诱发冲击矿压机理 …………… 105

6.1 引言 ………………………………………………… 105

6.2 覆岩空间结构破断对煤体应力分析 …………………… 106

6.3 覆岩结构变形破断过程中能量分析 …………………… 109

6.4 覆岩空间结构震动波冲击分析 ………………………… 110

6.5 顶板覆岩破断失稳诱发冲击机理 ……………………… 115

6.6 动静组合加载作用下煤体破坏的数值模拟分析 ……… 117

6.7 覆岩空间结构失稳型冲击矿压防治技术 ……………… 127

6.8 小结 ………………………………………………… 131

7 覆岩结构失稳型冲击矿压现象及其控制实践 ………… 133

7.1 济三煤矿冲击矿压分析 ………………………………… 133

7.2 "F"型空间结构工作面——163下05 工作面冲击矿压防治 …… 135

7.3 "T"型空间结构工作面——163下02C 工作面冲击矿压防治 …… 145

7.4 小结 ………………………………………………… 152

参考文献 ……………………………………………………… 153

1 绪　　论

1.1　研究意义

　　能源是社会发展的动力,目前世界上能源消耗主要来自石油、天然气、煤炭等化石能源,核能、风能、太阳能等可再生能源所占比例依然较小,并且在相当长的时间内难以形成规模。欧美国家主要依靠石油、天然气(法国主要依靠核能),煤炭所占比例相对较低。我国富煤少油缺气,石油消耗量日益增多,已成为仅次于美国的第二大石油消耗与进口国,然而近几十年美国逐步控制全球石油资源或石油运输线,我国的能源战略面临着极大挑战,导致我国的经济发展存在巨大的安全隐患。因此,我国经济的高速发展,现阶段只能依靠煤炭。在国家《能源中长期发展规划纲要(2004—2020 年)》中已经确定,将"坚持以煤炭为主体、电力为中心、油气和新能源全面发展的能源战略"。中国工程院《国家能源发展战略 2030—2050》中预计我国煤炭年需求量达到 35 亿 t,在能源结构中的比例仍占超过 50%。显然,在相当长的时期内,煤炭作为我国的主导能源不可替代[1-4]。

　　我国经济快速发展使得煤炭需求量迅速膨胀,煤炭产量以每年 200 Mt 以上的速度递增。随着矿井开采规模和深度的逐年增加,煤矿大范围快速开采,导致应力集中程度与覆岩运动范围增加,采动应力场、能量场时空演化规律更加复杂,极易诱发煤岩非线性动力破坏,其中冲击矿压以其突然性与巨大破坏性对矿井安全高效生产构成极大威胁,成为国内外研究的热点与难点[5-12]。冲击矿压是矿山开采中发生的煤岩动力现象,是聚集在矿井巷道和采场周围煤岩体中的能量突然释放,在井巷发生爆炸性事故,产生的动力将煤岩抛向巷道,造成煤岩体震动破坏,支架与设备损坏,人员伤亡,部分巷道垮落的一种特殊的矿压显现[13-15]。冲击矿压还会引发或可能引发其他矿井灾害,尤其是瓦斯、煤尘爆炸、突水,严重时造成地面震动和建筑物破坏等,是煤矿尤其是深部开采的重大灾害之一[16]。

世界上最早记录的冲击矿压事件是 1738 年发生在英国南史塔福煤田的冲击矿压事故,之后许多采煤国家如苏联、德国、美国、波兰、加拿大、南非、日本、法国、印度、捷克、匈牙利、保加利亚、奥地利、新西兰、安哥拉和中国都有冲击矿压事件的记录[17-18]。1960 年 1 月 20 日南非的 Coalbrock North 煤矿发生了一次冲击矿压事故,井下破坏面积达 300 万 m²,死亡 437 人,是有史以来煤矿冲击矿压灾害死亡人数最多的一次[19]。

目前我国是发生冲击矿压矿井最多、受灾程度最严重的国家。1949 年以来,已发生破坏性冲击矿压 2 000 余次,震级 0.5～3.8 级,造成了惨重的人员伤亡。20 世纪 50 年代以前只有两个矿井发生了冲击矿压,50 年代增加到 7 个,60 年代为 12 个,70 年代达到 22 个,进入 20 世纪 80 年代以后,猛增到 50 多个,目前有超过 100 个矿井有冲击矿压灾害的记录,各主要的产煤区域都有分布[20-24]。

冲击矿压类型可分为煤体型和围岩型两类[15],以往的研究主要是针对发生冲击地点的开采条件、地质构造分析发生冲击矿压类型与影响因素,研究范围局限于距离采场较近的基本顶岩层范围内以及煤层前方几十米内支承压力区。然而现场事故的震源定位与冲击显现却表明,与冲击矿压相关的岩层范围厚度上已经超过传统概念上的基本顶范围[25-28],在层面方向上也远远超过本工作面支承压力影响区。多工作面开采后形成的覆岩空间结构,尤其是大范围采空区造成的上覆厚层坚硬关键层的破断失稳,对工作面开采过程中的影响以及诱发冲击矿压的机理与控制还缺乏相应的研究。但是,这种类型的冲击矿压越来越多,并且冲击影响范围大、强度高,还能诱发二次灾害,必须引起高度重视。

(1)沿空巷道冲击破坏严重。传统矿压理论认为,采用小煤柱或无煤柱护巷的沿空巷道,围岩长期处于应力降低区中,不但有利于巷道的维护,并且能够防止冲击矿压的发生,在具有冲击矿压的矿井,尤其是煤柱型冲击,都会建议采用无煤柱开采。不可否认的是,无煤柱开采确实能够有效地防治煤柱冲击矿压的发生,但是,并不是所有的矿井沿空巷道都是安全的。如济三煤矿六采区工作面发生的冲击矿压均在沿空巷道侧[29],如表 1-1 所列。由表 1-1 可以看出,巷道发生冲击时,顶板下沉量与巷帮移近量大,而工作面压力显现不大,说明沿空巷道冲击矿压主要受侧向采空区顶板结构的影响。

表 1-1 济三煤矿冲击矿压显现特征

发生时间	地点	破坏长度/m	情况描述
2003-12-04	6303 沿空巷	12	顶板最大下沉量约为 400 mm,西帮内移量约为 500 mm,锚杆托盘压平、压反较严重,煤体松散破碎,顶部及两帮出现网兜现象,煤碎块洒落
2003-12-10	6303 沿空巷	59	顶板最大下沉量达到 500 mm,西帮最大内移量达到 1 000 mm,部分钢筋梯、锚杆被压断,巷道断面损失严重,帮部部分处于失稳状态
2003-12-15	6303 沿空巷	20	顶板下沉量约为 400 mm,西帮内移量约为 700 mm,帮部锚杆出现压断现象
2004-11-05	6300 沿空巷	36	巷道突然来压下沉,下沉量为 200～300 mm,局部离层量为 400～500 mm。超前支护棚头单体支柱有 3 根被压断,另有 6 根不同程度弯曲;棚外巷道顶板出现明显的网兜现象;工作面压力正常
2004-11-30	6303 沿空巷	30	实体煤帮瞬间突出 1.5～2.0 m,同时伴有巨大的声响,掀翻该范围内的电机设备列车
2004-12-16	6300 沿空巷	24	煤体突出 300～500 mm,将靠近实体煤帮的 8 根单体支柱打歪,伴有巨大的声响,巷道内煤尘飞扬,煤帮底角部分煤体抛向巷道另一侧
2005-01-25	6300 沿空巷	10	实体煤帮瞬间突出 0.5～1.0 m,平巷内靠帮支设的单体支柱打倒 8 根,瞬间巷道内煤尘飞扬,震感明显
2005-02-14	6303 沿空巷	36	巨大的煤炮声过后,巷道内煤尘飞扬,煤壁前 12.6～48.0 m 段实体煤帮煤体突出 300～1000 mm,巷道顶板瞬间下沉 500 mm 左右,将支护的单体支柱推倒 13 根,折断 5 根
2005-02-28	6300 沿空巷	15	煤帮瞬间突出 500 mm 左右,将平巷内靠帮支设的单体支柱打倒 1 根,伴有巨大的声响,巷道内煤尘飞扬

无独有偶,甘肃华亭煤矿在 250102 工作面回采期间,冲击矿压异常严重。据不完全统计,2007 年 4 月至 2008 年 7 月,250102 工作面掘进与回采过程中发生了几十次冲击矿压,主要表现为运输平巷转载机巷道部分地段帮部移近、底鼓 100～1 800 mm 不等,造成部分机电设备、支护设施损坏和人员伤亡。地震观测系统(SOS)微震监测结果显示,冲击震源主要集中在 2050102 工作

面与 250101 采空区之间 20 m 煤柱范围内,为典型的煤柱型冲击矿压[30-31]。因此,在其接续的 250103 工作面(250103 工作面与 250102 工作面之间为 250101 采空区)改用小煤柱护巷,煤柱净宽度为 5~6 m,以期能够预防煤柱型冲击矿压。然而工作面回采后,作为沿空巷道的回风平巷侧震动频繁,巷道破坏严重,2010 年 2 月 27 至 10 月 14 日,250103 工作面发生了 40 次冲击矿压显现,其中 35 次发生在沿空巷道的回风平巷中。震源定位结果显示,造成巷道破坏的震动多位于 250101 采空区中,说明 250103 工作面的回采造成了 250101 采空区覆岩的二次运动与失稳[32],从而诱发震动,这在 250102 工作面回采过程中是没有的。

同样,作为孤岛工作面,如鲍店煤矿 $103_{下}02$ 孤岛工作面、济三煤矿 $163_{下}02C$ 孤岛工作面等[33-36],两侧采空区覆岩失稳震动对巷道影响更大,这里不再详细列举。

(2) 大面积巨厚主关键层运动诱发冲击动力灾害。如果覆岩中不存在巨厚岩层,工作面开采后,覆岩逐渐垮落至地表,很快达到充分采动。但是,对于存在巨厚主关键层的矿井,往往一个工作面开采后,主关键层依然保持稳定,只是随着采区内工作面的陆续回采,采空区面积越来越大,主关键层才开始破断运动。例如东滩煤矿十四采区实测的地表下沉数据表明,煤层开采厚度为 2.8 m 的情况下,175 m 宽 14303 工作面开采后,地表最大下沉量仅 20 cm,连续开采 3 个工作面后,14303 工作面上方地表最大下沉量才达到 1.6 m[37]。由于巨厚关键层厚度大、强度高、断裂步距大,破断运动会对工作面造成强烈的矿压显现,多数情况下会造成冲击动力灾害,这种类型的冲击在我国比较多见。如表 1-2 所列为我国具有巨厚关键层与冲击矿压危险的典型矿井。

表 1-2 我国具有巨厚关键层与冲击矿压危险的典型矿井

巨厚关键层特性	山东兖州东滩、鲍店煤矿	山东兖州济宁二号煤矿	河南义马跃进、千秋、长村煤矿	山东新汶华丰煤矿	安徽淮北海孜、杨柳煤矿
岩性	细砂岩	岩浆岩	砾岩	砾岩	岩浆岩
平均厚度/m	200	115	400	550	120
距煤层距离/m	130	425	225	156	170

巨厚关键层运动既能造成正在回采的工作面、掘进巷道的冲击矿压,又能造成采空区中动力灾害与地表震动,例如山东兖州鲍店煤矿。鲍店煤矿自 1997 年开始出现矿震现象,地表经常感觉到矿震诱发的晃动。2004 年开始由山东地震局架设流动矿震台网进行矿震监测,以 2004 年 11 月至 2005 年 8 月开采期间为例,共记录矿震 1 410 条,最高日频次 40 次,其中 1.0~1.9 级矿

震 219 次,2.0～2.9 级矿震 28 次,3 级以上强矿震 13 次,最大达到 3.7 级[38-40]。强矿震造成的最大灾害为"密闭摧毁"事故(见图 1-1):2004 年 9 月 6 日 14 时 30 分,鲍店煤矿调度室接防尘工区电话汇报 2310 密闭处出现异常,矿初步分析认为 2310 轨道平巷密闭前可能有高温点,并立即组织有关人员到现场进行勘察,15 时 20 分到达现场,发现 2310 轨道平巷密闭前顶部有微量烟雾,决定采用密闭前喷射混凝土及向采空区注浆的封堵措施;17 时 10 分,准备喷注浆用的风水管路和做喷注浆准备及气体监测工作;17 时 19 分,发生动力冲击事故,密闭被摧碎,并造成了人员伤亡。2006 年 4 月 29 日上午 11 时 45 分,2305 工作面区域又发生一起 4 道密闭摧倒事故。

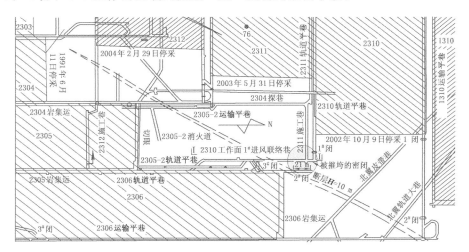

(a) 事故现场平面图

(b) 事故照片

图 1-1 鲍店煤矿"密闭摧毁"事故现场平面图[41]与照片

经过分析,2004年鲍店煤矿"9·6轨道平巷密闭摧毁事故"的事故机理为:煤层上覆130 m以上的巨厚坚硬细砂岩层(俗称"红层"),也就是煤矿主关键层,在之前工作面开采后形成的采空区尚未达到主关键层的极限跨距,主关键层处于非充分采动阶段,形成了大面积悬顶,随着采空区范围扩大、采动、断层、煤柱强度弱化等因素,主关键层发生破断运动,导致覆岩大结构的瞬时失稳,大面积岩层向下运动过程中,压缩采空区中气体,形成冲击波,将密闭摧毁[41-42],因此,"密闭摧毁"的本质为巨厚主关键层在多工作面开采后形成的大范围空间结构断裂失稳运动。

鲍店煤矿目前正在回采的十采区,强矿震频繁,并且造成地面震感强烈,同时井下支架压力上升,煤尘飞扬,巷道变形,具有冲击矿压显现特征。课题组为鲍店煤矿安装了SOS后,证实了鲍店大震动震源分布在主关键层(红层)中[43],从而揭示了大矿震的机理为主关键层的破断与失稳,这与"摧毁密闭"事故的本质是一样的。

同时,顶板覆岩的冲击性失稳还能够导致瓦斯爆炸等重大灾害,如淮北芦岭煤矿"5·13"事故。2003年5月13日,淮北矿业集团芦岭煤矿二水平四采区发生瓦斯爆炸事故,造成84名矿工死亡。事故发生地点为芦岭矿21048准备工作面的掘进巷道,爆炸地点为改造切眼里30 m。事故发生地点瓦斯并不超标,爆炸瓦斯来源于21046采空区,工人维修开关带电操作,并波及相邻采煤工作面,造成了这次惨烈事故[44]。一般都认为这是一次由于违规操作、管理不善造成的瓦斯事故,然而这不是本质,瓦斯为何能够瞬间涌入掘进空间才是这次事故的原因。通常情况下,采煤工作面顶板垮落失稳不会造成采空区气体压缩冲击,并且21046工作面开采过程中,直接顶垮落充分,基本顶来压也正常,经历了初次与周期来压,所以冲击所需的动力与能量来自更高层位的岩层瞬间失稳运动。事故发生后分析得出,21046工作面发生的顶板瞬间冲击失稳才是引起采空区瓦斯喷出的原因,即这次事故是围岩失稳冲击诱发的二次灾害,与鲍店煤矿的"摧毁密闭"事故机理类似。

发生过与鲍店煤矿"摧毁密闭"事故和芦岭煤矿"5·13"事故类似事故的还有四川省芙蓉矿业集团白皎煤矿[45]、义马矿业集团千秋煤矿等[46-47]。

分析以上冲击现象的特点,可以看出冲击矿压发生所涉及的范围与区域大,震源点往往距离冲击显现点远[48],不单单是本工作面范围基本顶以及关键层的破断会造成冲击矿压,相邻采空区的覆岩结构和大面积多采空区上厚层坚硬主关键层结构在本工作面采动覆岩运动影响下也会发生失稳,同样能够诱发巷道与工作面煤体冲击显现。这说明煤矿或采区内工作面开采过程中,上覆岩层的空间结构与运动方式并不是一成不变与独立的,不同工作面上覆岩层的空间结构是随着开采的进行而动态变化的。采空区中覆岩状态与结构会作为下一工作面的边界条件,在开采工作面扰动下形成能够协同运动的空间结构,该空间结构失稳会诱发震动事件,从而对工作面煤岩体造成破坏,强度高时发生冲击矿压,作者将这种类型的冲击矿压称为覆岩空间结构失稳型冲击。为了揭示这种现象的机理,依托课题组承担的国家重点基础研究发展计划(973)项目(2010CB226805)、国家自然科学基金和神华集团有限公司联合资助项目(51174285),中国矿业大学煤炭资源与安全开采国家重点实验室自主研究课题(SKLCRSM10X05)等多个科研课题,在导师的指导下,基于理论分析、现场微震监测、实验室相似材料模拟、数值模拟等手段,提出了煤矿覆岩空间结构演化机理及其在防冲中的应用,对现场冲击矿压灾害的控制将具有重要意义。

1.2 采场岩层运动理论研究现状

冲击矿压是矿山压力的一种特殊显现形式,采场中一切矿压显现的根源是采动引起岩层运动的结果,而覆岩的破裂运动是造成顶板冒落、矿震、冲击矿压等重大矿井灾害的最主要原因[49]。以往对冲击矿压的研究,重点是作为显现对象的煤层,而把顶板作为一种重要影响因素,将覆岩运动—煤层变形破坏—冲击矿压显现作为整体专题研究的目前并不多见。因此,有必要将采场覆岩运动与冲击矿压的研究分别加以论述。

矿山压力与岩层移动理论一直是采矿学科研究的核心问题,自从人类进入地下进行采矿活动,采场围岩控制与采动损害防治始终是采矿科研工作者面临的最主要问题。为了揭示采场矿山压力显现机理,为支护设计提供理论依据,国内外学者提出了各种假说与理论,按照时间的顺序,可以分为以下3个阶段。

(1) 起萌阶段。19世纪末至20世纪初是矿山压力假说的萌芽期,这个阶段最具代表性的为国外学者提出的"压力拱"与"悬臂梁"假说[50]。这两个假说最大的贡献在于合理解释了支架所受作用力小于上覆岩层重量,煤壁前方支承压力以及周期来压现象。虽然这两个假说仅能从定性的角度解释部分矿压显现问题,而且与现场实际监测数据相差较大,但已经是研究上覆岩层活动规律的重要进步以及日后各理论的基础。

(2) 发展阶段。从20世纪50年代开始,随着长壁工作面开采技术的发展、采场上覆岩层运动的监测,以及对支护安全性的要求,以往的矿压理论已经远远不能有效指导现场实践,在这种情况下,发展起来了"铰接岩块"与"预成裂隙"假说[51]。这两个假说一个对采动覆岩纵向方向进行了"分带",一个对工作面推进

方向进行了"分区",是覆岩结构"竖三带、横三区"的雏形。同时,"铰接岩块"假
说还给出基本顶岩层可能形成的结构形态,即规则移动带间断裂的岩块可以相
互铰合而形成一条多环节铰链,铰接岩块间的平衡关系为三铰拱式的平衡。并
且提出了支架在上覆岩层作用下可能处在"给定荷载"与"给定变形"两种工作状
态,这是定量分析矿山压力的突破。美中不足的是,该假说没有继续深入研究顶
板形成结构的平衡条件以及对支架的影响。

(3) 成熟阶段。以上两个阶段主要是国外学者对矿山压力理论的贡献,而
到了 20 世纪 60 年代后,随着中华人民共和国的成立,我国经济发展对煤炭的需
求,促进了我国科研工作者在矿压理论上的发展与创新。在继承了以往矿压理
论科学合理部分的同时,通过现场与理论相结合,提出了更加符合实际的新结构
模型。最具代表性的当属钱鸣高院士的"砌体梁""关键层"理论,以及宋振骐院
士的"传递岩梁"假说。这构成了矿压理论的第三个阶段。

① "砌体梁"理论。20 世纪 70 年代末,借助大屯孔庄煤矿上行开采试验中
深基孔岩层内部移动观测数据,钱鸣高教授提出了著名的采动岩体"砌体梁"结
构力学模型[52-54]。"砌体梁"理论给出了破断后顶板岩块的铰接方式与平衡条
件,即"S-R"稳定理论[55-56],"S-R"失稳模式是破断后的顶板岩层结构的基本形
式,是目前分析各种条件下岩层稳定性的基础与根本。"砌体梁"理论不仅包含
了以往拱、梁假说合理部分,而且给出采场"直接顶-支架"上部边界条件,建立了
采场整体力学模型,从而为采场矿山压力与支护设计参数的定量确定、工作面来
压预报、支护质量监测奠定了基础[57]。同时,该模型描绘了完整的采动覆岩结
构形态,即纵向上分为垮落带、裂隙带与弯曲下沉带,煤层推进方向上分为重新
压实区、离层区与煤壁支撑影响区。

同一时期,钱鸣高院士还将传统基本顶破断分析的梁模型发展到板模型,利
用 Marcus 简算法,给出了处于不同边界条件下,基本顶中弯矩分布规律,提出
了基本顶的"O-X"破断形式,指出了基本顶破断过程为:当推进步距达到基本顶
的极限跨距时,首先在固支长边中心达到应力极限发生破断,然后固支短边中心
破断,长短边的破断线贯通形成"O"形破断圈,板中心下表面弯矩又达到最大
值,超过岩体强度极限后形成裂纹,中部裂纹发展形成"X"形,至此,构成了基本
顶的"O-X"破断过程。而后,基本顶将进入周期"O-X"破断阶段,破断后的岩体
在剖面上呈"砌体梁"平衡[58]。

② "传递岩梁"假说[58-59]。"传递岩梁"假说是由宋振骐院士在现场观测的
基础上建立起来的。该假说认为,断裂后的岩块能够相互咬合,从而不断向煤壁
与采空区传递力的作用。"传递岩梁"假说的作用在于:明确提出了内外应力场
的观点,以及以"限定变形"和"给定变形"为基础的位态方程(支架围岩关系)。

但该假说基于基本顶传递力的概念,没有对结构的平衡条件做出推导与评价。

③"关键层"理论[60-61]。"砌体梁"结构力学模型对我国长壁工作面顶板控制与安全生产做出了巨大的贡献,随着煤炭科技的发展,尤其是综合机械化开采的大规模推广,使工作面顶板控制水平达到了一个新的高度,综采工作面的顶板事故量也急剧下降。在这种情况下,钱鸣高院士高瞻远瞩,清醒地认识到采动造成的围岩破坏对工程与环境的损害,绝不能仅仅局限于采场附近的顶板与巷道围岩控制,煤矿中的瓦斯灾害、突水事故、地表沉陷、环境恶化等都是采动引起的覆岩应力场、位移场与裂隙场演化发展的结果,其核心问题为采动岩体的力学行为,基于此,提出了岩层控制的"关键层"理论。关键层的含义为:在岩层移动中存在着一层或者数层起关键控制作用的岩层,它们的破断与变形控制着其上方一定范围的岩层协同运动。关键层判断的主要依据是其变形和破断特征,即在关键层破断时,其上覆全部岩层或局部岩层的下沉变形是相互协调一致的,前者称为岩层活动的主关键层,后者称为亚关键层。

"关键层"理论的意义与贡献在于:将采场上覆岩层作为整体进行研究,揭示了采动覆岩的活动规律,特别是内部岩层的活动规律,将传统的矿压理论、矿井开采沉陷学、矿井安全等学科有机地统一起来,是解决采动岩体灾害的关键。基于"关键层"理论而提出的"绿色开采"与"科学采矿"蓬勃发展[2,62],受到了国内外高度重视,取得了令人瞩目的成就,如矸石充填[63-64]、膏体充填"三下"采煤技术[65]、卸压瓦斯抽放技术[66]、荒漠化地区保水开采技术[67-68]、矿井突水防治[69-70]等,都是"关键层"理论指导解决现场问题的成果。

当然,以上为阶段性最具代表性的成果,在矿山压力与岩层控制理论发展的过程中,大批学者做出了重要贡献。如姜福兴教授利用模糊数学理论提出了"岩层质量指数",根据该指数将基本顶分为类拱、拱梁和梁式三种基本的结构形式,对不同形式基本顶的控制提出了具体方法[71-72]。同时,还基于微震监测技术,通过微震监测覆岩破裂形态,提出了长壁采场覆岩空间结构,并分为"O"型、"S"型、"C"型与"θ"型四种类型,对不同类型结构提出了监测与治理方法,对于解释采场"异常压力""动力灾害"具有重要意义[73-74]。

1.3 冲击矿压国内外研究现状

冲击矿压以机理复杂性、发生的突然性、瞬时震动性以及巨大破坏性为主要特点[75-76],针对这些特点,国内外学术界的研究主要集中在三个领域,即冲击矿压机理、预测预报以及防治对策。虽然到目前为止仍然没有一套理论可以解释清楚冲击矿压现象,但是经过几十年的发展与研究的深入,提出了各种理论,对冲击矿压的认识也不断进步,尤其是 Cook 的开创性工作,为揭示冲击矿压的本质向前迈进了一大步[77-83]。下面对具有代表性的研究成果进行论述。

1.3.1 冲击矿压机理的研究现状

各国学者在实验室研究和现场调查的基础上,从不同的角度先后提出了一系列经典的冲击矿压理论,主要有强度理论、刚度理论、能量理论、冲击倾向理论、"三准则"理论和变形系统的失稳理论等[14,16,84-88]。

(1)强度理论[89]。强度理论将冲击矿压看作煤体的破坏,当超过强度极限时发生破坏,具有简单、直观和便于应用的特点。这是对冲击矿压最初的认识。但将材料破坏所必须满足的条件移植到冲击矿压的解释,忽略了冲击矿压特有的动力特性。为了弥补强度理论的不足,Brauner 提出了煤体夹持理论,认为较坚硬的顶底板会将煤体夹紧,煤体的夹持阻碍了深部煤体自身或者煤体-围岩交界处的卸载变形,平行于层面的侧向力(摩擦阻力和侧向阻力)阻碍了煤体沿层面的移动,使煤体更加压实,承受更高的压力,夹持起到了闭锁作用,一旦高应力突然加大或者系统阻力减小时,煤体可产生动力破坏和运动,形成冲击矿压。煤体夹持理论考虑了"岩体-围岩"系统复杂受力状态的极限平衡条件,并给出了极限应力的计算公式,是对强度理论的发展。但强度理论依然只能判断煤岩体是否破坏,不能回答破坏的形式是静态破坏还是动态破坏,因此是冲击矿压发生的必要条件,而不是充分条件。

(2)刚度理论[79,90-92]。刚度理论是 Cook 于 20 世纪 60 年代中期根据试验机-岩块破裂试验得到。非刚性试验机与试件系统的不稳定导致了岩石在峰值强度附近发生突然爆炸式破坏的现象,Cook 与 Blake 等认为,这与冲击矿压具有一致性,因此将试验机-岩块模型推广到矿山围岩结构与矿体之间的关系,认为矿山结构的刚度大于矿山负荷的刚度是产生冲击矿压的必要条件,称之为刚度理论。20 世纪 80 年代,佩图霍夫认为冲击矿压是因为煤(岩)体破坏时实现了柔性加载条件,并且明确认为矿山结构的刚度是峰值后的载荷-变形曲线下降段的刚度。刚度理论的贡献在于将冲击矿压发生的过程与动力特征考虑进来,并且一定程度上已经揭示了煤岩体发生冲击式破坏的条件,而利用突变理论研究顶板-煤柱型冲击矿压时也能得到相同的条件,即围岩的刚度小于煤岩体的刚度。但这一理论没有正确反映煤体本身在煤体-围岩系统中不但能积蓄能量,而且还可以释放能量这一基本事实,因此也是不全面的。

(3)能量理论[78]。能量的转化是所有物理过程的内在机制,从能量转化的角度解释冲击矿压是一大进步。Cook 利用 1959 在 ERP 矿井建立的地下微震系统,通过统计能量释放与冲击矿压发生规律,基于破坏和抛出岩石等动力现象需要大量能量的事实,意识到真正冲击能量来源于重力或者构造的弹性应变能,从而提出了矿体-围岩系统在其力学平衡状态破坏,释放的能量大于消耗的能量时,即产生冲击矿压,并且认为这种释放的剩余能量就是产生冲击矿压的能量,其中一部分能量是从围岩而不是矿体发出的。从能量角度解释冲击矿压的最大优点是从本质上揭示冲击矿压现象,但是不足在于能量理论只考虑物理过程的起始与终结时的状态,对发生的过程研究不足,而且煤体体系能量的计算、释放能量的条件、临界能量的确定、转化路径等都较难确定,因此,能量理论尚难有效应用于现场,此外冲击矿压的能量理论判据尚缺乏必要条件。

(4)冲击倾向理论[89,93]。该理论由波兰学者提出,并开展了相关测试方法与指标,我国也建立了煤岩冲击倾向性测定与分类指标。该理论认为冲击矿压的发生不仅与外部条件有关,还与煤岩的物理性质有关,这种决定其产生冲击矿压的能力是煤岩体固有属性,称为冲击倾向性。实际上,冲击矿压的发生与采掘和地质环境关系更为密切,越来越多发生冲击矿压的矿井,煤岩测试结果却无冲击倾向性,甚至"三软"条件下也有冲击矿压发生,可见冲击倾向性可以作为影响冲击发生的因素,但不是充分必要条件,严格意义上说,不能算作冲击矿压机理。

(5)"三准则"机理模型[94]。我国学者李玉生在总结强度、刚度与能量理论的基础上,提出了"三准则"理论,相对来说是比较完善的,但只是一个原则性的表达式,由于影响因素众多,参数无法确定,因此该模型的实际应用难度很大。

以上为冲击矿压的经典理论,随着近现代非线性理论的发展,尤其是稳定性理论、突变理论、现代非线性力学、混沌动力学以及分形理论也开始用于冲击矿压的研究,非线性理论与冲击矿压特点吻合较好,成为研究的热点[95]。

(6)失稳理论。1979 年 10 月,国际岩石力学学会主席 Brown 教授在首次国际冲击矿压研讨会上提出,冲击矿压是力学过程的非稳定平衡破坏、非稳定错动和非稳定岩石破坏的过程,得到大多数研究者的赞同。我国学者章梦涛等与国外学者同一时期,提出了冲击矿压的失稳理论,将"变形系统势能取极大值"作为冲击发生判据,并给出了冲击判据的一般计算公式,对冲击矿压进行了数学描述,并扩展到煤与瓦斯突出,建立了冲击地压-煤与瓦斯突出统一理论[96-98]。在此基础上,潘一山等[99]提出了稳定性动力准则,得到了发生冲击(岩爆)的圆形硐室临界塑性区深度与临界应力;梁冰等[100]则提出了矿震的黏滑机理。

(7)突变理论。自从 20 世纪 60 年代中期,比利时数学家桑博德创立突变理论[101],突变的思想与理论已经渗入各个领域与学科。而对冲击矿压等煤岩动力灾害,突变理论也能够给出较为满意的结果。潘一山等[102]利用突变理论分析了冲击矿压发生的物理过程;尹光志等[103]利用尖点突变模型研究了岩石破坏的过程;潘岳等[104-105]对于应用突变理论研究岩体失稳机理,做了大量研究与贡献,尤其探索了不同突变模型对应的物理力学过程,指出了能够反映岩体失稳突变本质的突变模型;徐曾和、高明仕等[106-107]分别研究了煤柱冲击失稳的突变理论分析;左宇军、闫长斌、王来贵等[108-110]还对动载荷(地震、爆破载荷)作用下岩体、顶柱的稳定性得出有意义的研究成果。但是如何将理论研究成果应用于现场冲击危险监测、预测预报还需深入研究。

除此之外,得益于谢和平院士开创性地建立了分形岩石力学,分形理论也越来越多地应用于冲击矿压的机理研究[111-112]。谢和平研究了岩爆的分形特征与机理,指出岩爆在数学上仅是分形集聚的几何过程。冲击发生之前,对应着高的分形维数,接近冲击发生时,对应着低的分形维数,这也为冲击矿压的预测预报提供了一条新的路径[113]。Vardoulakis、Dyskin等[114-115]对围岩近表面裂纹的扩展规律、能量耗散和局部围岩稳定性的研究已取得了一定的进展。缪协兴、张晓春、黄庆享、冯涛等[116-120]以断裂力学、损伤力学为基础,建立了冲击矿压的层裂板结构失稳破坏模型。齐庆新等[121]基于冲击矿压的摩擦滑动失稳模型,提出了煤矿冲击矿压的黏滑失稳机制。潘立友等[122]提出了冲击矿压的扩容理论。姜耀东等[123]则另辟蹊径,对冲击矿压发生的细观机制进行了系统试验,研究了煤岩体内部微裂纹快速成核、贯通、扩展进而诱发煤体整体失稳的机制。

窦林名等[15]研究了顶板作用下煤体冲击机制,利用煤层和顶底板的刚度作为指标,揭示了冲击矿压应该满足的强度、刚度与能量条件,建立了煤岩冲击破坏的弹塑脆性模型,解释了冲击矿压的发生、载荷的突变对煤岩体的破坏,以及煤岩体从流变到突变的特征与能量释放大小,同时揭示了煤岩动力破坏过程中的声电效应[124];基于能量耗散与释放原理,提出了冲击矿压的强度弱化减冲理论,为冲击矿压防治提供了理论依据[125-126]。同时窦林名课题组对顶板型冲击矿压的冲能原理[127]、冲击矿压巷道的"强弱强"理论[128]、断层型冲击矿压机理[129]、最大水平应力对冲击矿压的作用机制[130]、煤岩冲击破坏的震动效应[131]、矿震层析成像原理与冲击矿压预测[132]、底板型冲击矿压机理与控制[133]等做了卓有成效的研究。

虽然众多学者对于冲击矿压机理的研究付出了大量努力,也得到很多有益的成果,但由于不能保证选取研究角度的全面性,还无法用单一理论解释所有的冲击矿压现象。由于冲击矿压问题的复杂性,影响因素众多,机理也极其复杂,它至今仍然是岩石力学和采矿工程中最困难的研究课题之一,要完全研究清楚冲击矿压机理还需做大量工作。

1.3.2 冲击矿压的监测与治理

1.3.2.1 冲击矿压的监测技术

目前常用的监测方法主要有以下三类:第一类是经验类比法,主要有综合指数法[15]、多因素耦合法[15];第二类是围岩应力状态监测法,包括计算机数值模拟、钻屑法、围岩应力和位移监测等[16];第三类为地球物理监测法,包括电磁辐射法和声发射、微震、震动波层析成像等[134]。前两类方法在我国应用广泛,对冲击矿压的监测预报发挥了重要作用,但是也暴露了很多问题,如经验类比是开采之前对采区或工作面进行的早期评估,而对工作面开采过程中的危险性则适应性不强;围岩应力状态监测法则工作量大,且难以实现连续监测,精度不高。随着科技的进步,各学科的不断融合,地球物理监测法发展迅速,尤其是微震监测具有很大的潜力,是未来冲击矿压预测预报的发展趋势[135-140]。微震监测系统能够对全矿范围的矿震与冲击事件进行实时不间断监测,是一种区域性监测方法[141]。通过记录到的震动事件,对不同时间段、不同区域进行震动频次、能量等统计分析,从而评价冲击危险性。微震监测技术始于 20 世纪初的地震监测,在国外应用较早,从机理、监测设备到预测指标与方法均取得了大量的研究成果[142],目前国外冲击矿压矿区几乎都建立了微震监测系统,采矿发达国家如南非、加拿大、波兰、澳大利亚等国家甚至建立了矿山-国家微震监测台网系统[138,140,143]。我国则起步较晚,规模也不大,但是发展迅速,目前以窦林名与姜福兴教授研究成果最具代表性[26-27,131-132]。

1.3.2.2 冲击矿压的治理技术

冲击矿压的治理包括战略预防与主动解危两类。战略预防主要从采区布置、煤层开采顺序、工作面参数等角度,以避免形成高应力区为原则,控制冲击矿压的发生[15]。主动解危措施主要用于工作面监测到冲击矿压危险后采取的卸压措施。如卸压爆破就是在采煤工作面及上下两巷,通过卸载爆破最大限度地释放积聚在煤体中的弹性能,在工作面附近及巷道两帮形成卸压破碎区,使高应力区向煤体深部转移[14];煤层注水主要是通过钻孔向煤体中均匀注入高压水来破碎煤体,降低煤层的冲击倾向性,增加煤体的塑性能,以达到弱化冲击危险的目的,同时还可以改善工作面的工作环境;钻孔卸压可以释放煤体中积聚的弹性能,消除应力升高区[15];定向裂隙法则是人为地在煤层或岩层中预先制造一个裂缝,在较短的时间内,采用高压水将煤(岩)体中预先制造的裂隙破裂,降低煤(岩)体的物理力学性质,以达到降低冲击危险的目的[16]。

1.4　顶板覆岩诱发冲击矿压研究

顶板岩层尤其是坚硬顶板是诱发冲击矿压的重要因素。目前国内针对顶板岩层与冲击矿压关系的研究取得了大量研究成果，为进一步研究顶板岩层对冲击矿压的诱发作用机理提供了宝贵资料。

窦林名等[144]研究了坚硬顶板对冲击矿压的影响，指出煤层上方坚硬厚层砂岩顶板是导致冲击矿压发生的主要因素之一，坚硬顶板特别是关键层运动破断对冲击矿压的发生有巨大的影响，并提出了相应的监测与治理方案。

牟宗龙[127]提出了顶板岩层诱发冲击的冲能原理，将顶板岩层诱发冲击的机理分为顶板处于稳定时的"稳态诱冲机理"和处于运动时的"动态诱冲机理"两种类型。稳态顶板岩层和动态顶板岩层在煤体破坏时都以动态的形式突然释放能量并参与到煤体破坏的冲能当中，满足冲能判别准则时煤体发生冲击式破坏。他研究分析了顶板岩层影响下煤体冲击破坏的应力能量叠加原理，并基于岩体介质中能量传播衰减规律和顶板岩层影响冲击危险性的不同程度，得到"诱冲关键层"判别准则；根据顶板岩层对煤体冲击危险的影响机理研究结果，给出了顶板型冲击危险的控制技术措施。

唐巨鹏等[145]研究了华丰煤矿巨厚砾岩条件的冲击矿压，指出巨厚砾岩的运动对冲击矿压起重要影响作用，地表下沉速度周期性与冲击矿压的周期性发生具有明显的对应关系，提出了地表下沉速度预测冲击矿压的新指标。

徐学锋等[146]基于微震监测技术研究了覆岩结构对冲击矿压的影响，指出上覆岩层可划分为不同级别的关键层结构，有主、亚之分。大尺度覆岩结构在破断过程中释放能量，是诱发冲击矿压的重要因素。

姜福兴课题组提出的长壁采场覆岩空间结构理论，将覆岩空间结构分为"O"型、"S"型、"C"型与"θ"型四种类型，并对不同空间结构下的矿压规律进行了研究。马其华[147]研究了"O"型空间结构矿压特点，指出覆岩结构发育高度为采空区短边控制，采空区"见方"时矿压显现最剧烈；厚硬岩层在结构演化过程中具有夹持作用，夹持效应是采动初期基本顶与直接顶转化的根本研究，研究成果为条带开采提供指导。汪华君[148]研究了四面采空"θ"型空间结构的运动与控制，"θ"型孤岛工作面的主要灾害为冲击矿压与煤柱快速变形，提出利用分阶段控制放煤率控制顶板运动的方法。成云海、侯玮等[149-150]研究了三面采空条件下"C"型覆岩结构特点与应力场分布规律，为冲击矿压防治提供指导，保证了工作面的安全回采。王存文等[151]基于覆岩空间结构理论[73]研究了"S"型覆岩结构冲击矿压预测技术，结果表明，当"S"型覆岩空间结构工作面在单工作面"见方"、双工作面"见方",以及三工作面"见方"阶段时冲击危险性大,从而可以预测冲击矿压发生的时间与地点。

1.5 目前需要解决的问题

通过以上文献查阅与分析可知,国内外学者对于单一工作面上覆顶板岩层的活动规律、形成的平衡结构、引起的矿山压力、对冲击矿压发生的影响等,取得了许多研究成果。但是,目前对于矿井或采区内多工作面开采条件下,上覆岩层的空间结构形态与动态演化、失稳诱发冲击矿压方面还鲜有研究报道,需要解决的科学问题包括:

(1)目前覆岩破断运动规律所取得的成果大多针对单一工作面开采条件,缺乏矿井或采区内多工作面开采条件,不同工作面上覆岩层的空间结构形态与动态演化方面的系统深入研究。

(2)覆岩空间结构形成与演化的条件及科学分类。空间结构的演化需要满足一定的条件,当工作面之间不满足该条件时,各工作面覆岩相互独立,不能形成相互作用的空间结构,当然也不存在空间结构的继续演化,目前尚缺乏此方面的研究。

(3)空间结构演化过程中的应力演化规律,目前的研究大多为针对一种情况下工作面围岩应力分布规律,缺乏系统的从一个工作面到多个工作面,形成不同空间结构过程中的应力演化规律研究。

(4)所见文献中,对顶板覆岩失稳的研究多为基本顶或关键层一层岩层的力学分析,而缺乏覆岩空间结构在开采作用下的相互影响、协同运动与失稳的研究。

(5)覆岩空间结构诱发冲击矿压的机理。矿井开采过程中由于地质与技术条件的不同,覆岩的结构也会不同,仅研究具体条件下覆岩对冲击矿压发生的影响是不够,必须要从本质上揭示覆岩空间失稳诱发冲击矿压的机理,从而为有效防治此种类型的冲击矿压提供依据。

1.6 本书主要研究内容、方法及创新点

如前所述,目前对于矿井或采区内多工作面开采条件下,上覆岩层的空间结构形态与动态演化、失稳、诱发冲击矿压方面还鲜有研究报道。但是,这种类型的冲击矿压灾害却越来越严重,并且多工作面大范围条件下,覆岩空间结构失稳诱发冲击矿压涉及的范围大、影响剧烈,能够造成上百米巷道的瞬间破坏,并且

对地表建筑物也会造成安全隐患,对矿井的安全绿色开采与和谐矿区的建设构成严重威胁。因此,本书针对覆岩空间结构型冲击矿压进行深入研究,以期能够为揭示诱冲机理和冲击矿压的监测与防治提供理论依据。

1.6.1 主要研究内容、方法

本书具体研究内容包括以下几个方面:

(1)提出了煤矿覆岩整体空间结构形态与"OX—F—T"演化模型。覆岩整体空间结构形态为水平层面"OX"结构与竖向"F"结构的组合,"OX"与"F"结构的形成与失稳不断进行,称为煤矿覆岩空间结构动态演化循环。根据工作面受"OX"与"F"结构影响程度的不同,将工作面开采过程中覆岩所形成的空间结构分为3种基本类型,即主要受"OX"结构影响的"OX"空间结构工作面、一侧受"F"结构影响的"F"空间结构工作面、两侧受"F"结构影响的孤岛"T"空间结构工作面。煤矿或采区工作面回采过程中所经历的边界条件过程为:首采工作面,两侧均为实体煤→首采工作面后顺序开采,工作面一侧为采空区,一侧为实体煤→由于地质、开采技术导致跳采,形成工作面两侧为采空区的孤岛工作面。根据以上三种不同边界条件,相应地提出工作面覆岩空间结构呈"OX—F—T"动态演化过程。空间结构是呈现独立的"OX"结构还是动态地向"F"和"T"结构演化并相互耦合作用,主要取决于工作面之间煤柱的宽度,因此,综合考虑煤柱的稳定失稳破坏与动态破坏因素,给出了覆岩"OX—F—T"空间结构形成与演化的判据。

(2)利用实验室相似材料模拟试验,模拟工作面连续开采与跳采情况下,覆岩"OX""F""T"空间结构破断与运动特征。同时利用FLAC3D模拟软件,对覆岩空间结构"OX—F—T"演化过程中的应力分布规律进行模拟,考虑到不同的工作面宽度、不同的采动程度对应力的影响,从而得到不同空间结构状态下煤层静载应力场的演化特征。

(3)利用弹性板理论,对覆岩的"OX""F""T"空间结构的破断失稳与发展过程进行分析,揭示开采作用下覆岩空间结构的协同失稳机制,同时给出覆岩空间结构演化过程中的动载特征。

(4)通过分析覆岩空间结构对煤体的作用,提出覆岩空间结构失稳型冲击矿压的本质为动静载组合诱发冲击的复合型冲击矿压。从应力、能量、震动角度系统分析了覆岩变形破断对煤体的影响,建立表征冲击矿压发生的综合函数。

(5)在研究覆岩空间结构"OX—F—T"演化过程中静载应力场、动载应力场与诱冲机理的基础上,分析不同覆岩空间结构冲击矿压危险性演化过程与危险区域。

(6)覆岩空间结构"OX—F—T"演化机理及防冲的现场实践与应用。以作

者参加的济三煤矿 $63_{下}05$ 工作面与 $163_{下}02C$ 工作面冲击矿压防治课题为工程背景,通过分析工作面所处的结构形态,确定诱冲机理与影响因素,分别利用定向高压水力致裂与顶板深孔爆破技术主动消除冲击矿压动力源,从而保证工作面的安全回采。

为了实现上述研究内容与目标,本书将采用实验室相似材料模拟、FLAC3D 数值模拟试验、理论分析和工程实践验证四种研究手段。

1.6.2 创新点

本书研究的主要创新点有:

(1) 提出了煤矿覆岩整体空间结构形态与"OX—F—T"演化模型。

基于现场大量冲击矿压事故灾害的总结与分析,以及微震监测结果,提出了大范围多工作面开采条件下,覆岩结构处于动态演化过程,根据破断边界特征,提出了煤矿覆岩的"OX—F—T"演化模型,并给出了演化条件与分类。

(2) 系统模拟了煤矿覆岩的"OX—F—T"空间结构应力演化规律。

利用数值模拟系统对覆岩空间结构"OX—F—T"演化过程中的应力分布规律进行了分析,考虑到不同的工作面宽度、不同的采动程度对应力的影响,得到了不同空间结构状态下煤层静载应力场的演化特征,就静载应力场而言,"OX"结构<"F"结构<"T"结构,短臂结构大于长臂结构;"OX"结构随工作面宽度增大而应力线性增加,"F"结构与"T"结构应力则降低。

(3) 基于关键层理论研究了煤矿覆岩"OX—F—T"空间结构失稳机理。

在传统"横三区、竖三带"的基础上,给出了煤矿覆岩的"OX—F—T"空间结构演化与失稳过程中,倾向剖面横向上划分为冒落压实区、离层结构区、"F"结构区;竖向上根据关键层破断线位置将关键层分为低位亚关键层、高位亚关键层与主关键三种类型。给出了"OX""F""T"关键层顶板应力的精确解与破断判据。离层结构区为不同空间结构耦合协同运动的主体,有主动失稳与被动失稳两种模式,被动失稳的危险高于主动失稳。

(4) 揭示了煤矿覆岩空间结构失稳诱发冲击矿压机理。

提出了覆岩空间结构失稳型冲击矿压的本质为动静载组合作用下的复合冲击。建立了包括应力、能量、震动频率的综合函数,用于表征复合冲击矿压发生的机理。动静组合加载对煤体的破坏作用是非线性叠加过程,高静载+低动载组合方式的冲击危险性高于低静载+高动载组合方式。针对覆岩空间结构失稳型冲击矿压的特点,建立了以动静载应力场监测为基础,以"空下巷道"布置、定向高压水力致裂为关键技术的预防体系。

2 煤矿覆岩"OX—F—T"空间结构演化的提出

2.1 引言

以综采放顶煤、大采高开采、无煤柱护巷技术为代表的一系列先进采煤科技的长足发展[152-154],使长壁工作面开采尺度与推进速度急剧增大。随着无煤柱(小煤柱)成功应用到综放工作面,纵向与横向层面上覆岩运动范围远大于综采工作面,由此引发的采动应力场、覆岩空间结构演化规律更加复杂[27,41,48]。大规模、高强度的开采扰动不仅导致垮落带覆岩剧烈运动,而且周围采空区中已经存在的空间平衡结构也将进一步失稳,从而诱发冲击矿压等煤岩动力灾害,我们称之为空间结构失稳型冲击矿压。

微震监测系统的广泛应用,使得人们对矿震、冲击矿压震源有了进一步认识。很多情况下震源位置与采掘工作面以及震源显现点相距甚远[48]。通过震源的时空分布规律可以看出,影响工作面冲击矿压的岩层范围要远远超过常规矿山压力研究范畴,主要体现在相邻采空区覆岩结构的失稳、大范围采空区下高位巨厚关键层的断裂活动。例如,在山东兖州矿区、新汶矿区、淮北海仔煤矿、河南义马矿区等均存在巨厚主关键层,随着开采尺度的增大,主关键层断裂失稳诱发矿震不仅影响井下采掘工作面安全,更对地面社区造成影响,由于震源距地表距离近,烈度堪比5级以上地震[15]。甘肃华亭煤矿250103工作面开采期间,小煤柱一侧的250101采空区中震动频繁,导致沿空巷道难以维护,这与常规矿山压力显现规律明显不同。通过深入分析这些冲击矿压显现特点,我们得出工作面开采过程中存在着由本工作面-相邻采空区所构成的覆岩空间结构。此结构的动态演化决定了工作面状态与矿压显现形式。采动覆岩结构具有代表性的是钱鸣高院士的"砌体梁"与"关键层"理论[61],但是研究范围多局限于单一工作面。姜福兴提出了覆岩空间结构的概念,并根据采场的边界条件,将其分为"θ"型、"O"型、"S"型和"C"型4类结构[73],但是并没有给出结构形成与失稳条件,与煤岩动力灾害关系联系不紧密。本书通过实验室相似材料模拟、现场微震监测,并基于关键层理论,提出覆岩空间结构的"OX—F—T"演化模型,以期为空间结构失稳型冲击矿压机理研究与防治提供理论基础。

2.2 覆岩整体空间结构形态

2.2.1 水平层面"OX"结构

水平层面是指与岩层层面平行的剖面。开采后水平层面覆岩"OX"结构本质是钱鸣高院士提出的顶板"O-X"破断形成,平面上呈现"OX"状,因此称为"OX"结构,如图 2-1(a)所示。其断裂后岩体能够形成"砌体梁"平衡结构[61],一定条件下保持稳定。"OX"结构形态与范围由本工作面宽度、煤层厚度、关键层层位与物理力学性质决定。在总结了国内外大量研究成果的基础上,钱鸣高院士将关键层形成的岩体结构划分为"横三区""竖三带",如图 2-1(b)所示。"三带三区"给出了"OX"结构沿工作面走向剖面上覆岩破坏后岩体的基本形态,但是其研究重点却是处于离层区的 B 岩块的稳定性以及对工作面支架的作用。覆岩"O-X"破断形成的"OX"结构是覆岩整体空间结构形成与演化最重要的组成部分。

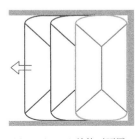 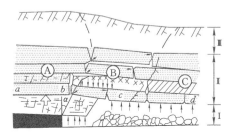

(a) "OX"结构平面图　　　　(b) 沿走向剖面的"三带三区"

Ⓐ—煤壁支撑影响区(a—b);Ⓑ—离层区(b—c);Ⓒ—重新压实区(c—d);
α—支撑影响角;Ⅰ—垮落带;Ⅱ—裂缝带;Ⅲ—整体弯曲下沉带。

图 2-1　"OX"覆岩结构示意图

2.2.2 竖向剖面"F"结构

实际上,受煤壁支撑影响角的作用,覆岩关键层破断后,不同层位的"OX"结构空间上将形成柱台形旋转曲面体,旋转体的母线与轴线的夹角即为煤壁支撑影响角,也称为垮落角。随着采区内工作面连续大尺度回采,与柱台形旋转体相邻的边界顶板覆岩也会发生破断。正是由于此区域的活动,进一步诱发了采空区"砌体梁"平衡结构的二次失稳,造成震动现象频发,因此,煤矿覆岩的空间结构应包含此区域。这部分以采空区上方的柱台形旋转曲面体为界,在竖向剖面内,似字母"F",因此命名为"F"空间结构。竖向剖面的"F"结构与水平层面的"OX"结构构成了煤矿覆岩的整体空间结构形态,"OX"与"F"结构的形成与失稳不断进行,称为煤矿覆岩空间结构动态演化循环。

有了煤矿覆岩的"OX—F"整体空间结构形态,为了方便研究,应对覆岩进行重新分区。在竖向上剖面覆岩由下至上依然划分为"竖三带",而横向上由实体煤至采空区的"横三区"则为冒落压实区(Ⅰ)、离层结构区(Ⅱ)、"F"臂结构区(Ⅲ),如图 2-2 所示。可见,沿走向剖面划分的"竖三带""横三区",为覆岩"OX—F"空间结构的一部分。之前的研究,主要是针对沿走向的离层区岩层结构稳定性分析,而对于沿倾斜方向的Ⅱ、Ⅲ区研究较少,实际上Ⅱ、Ⅲ区是组成"F"结构的岩臂,它们在本工作面开采后的稳定性,以及在相邻工作面采动作用下与尚未断裂的岩层的协同作用,发生的二次运动与失稳,将对开采工作面造成巨大影响。在采空区尚未稳定的情况下,Ⅰ区将继续下沉压实,并将导致Ⅱ区的旋转下沉;Ⅱ区的运动,也必然会恶化Ⅲ区的应力环境,使其受到的侧向夹持力减小。另外,当相邻工作面开始回采后,顶板的断裂与冒落是不可避免的,层位较低的Ⅲ区岩层将直接进入开采工作面的垮落带或裂隙带,层位较高的岩层会作为新离层结构区的边界,在煤柱破坏、覆岩运动的作用下,发生二次破断运动,继续影响采空区中Ⅱ区的稳定。因此,在多工作面连续开采时,倾斜方向的Ⅲ区将很难保持稳定,Ⅲ区岩层的作用是相互的,每一区既能引起其他区域失稳,也受到邻区失稳的影响发生被动压迫失稳。这也是与走向Ⅲ区所不同的。

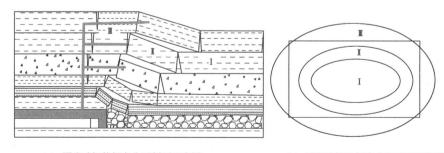

(a) 覆岩破坏的倾向分区剖面示意图　　　　(b) 覆岩破坏的倾向分区平面示意图

图 2-2　上覆岩层移动破坏倾向分区图

2.3 覆岩空间结构动态演化的条件

我们所提出的覆岩空间结构的动态演化具有一定的条件,对于多工作面回采,两相邻采空区覆岩能否形成相互作用的空间结构,主要取决于之间的煤柱宽度。大煤柱能够有效地隔离采空区覆岩裂隙的联系,工作面之间的大煤柱可将两工作面间覆岩运动隔离开来。因此,当工作面煤柱宽度小于一定值时,工作面之间覆岩将会形成协同运动,形成相互作用的空间结构。煤柱宽度的影响包含了以下几个方面,将一一论述。

2.3.1 顶板断裂线因素

由顶板岩层的弹性基础梁理论可知,基本顶岩层的断裂线发生在煤壁中[53,155]。如果煤柱宽度过小,两相邻采空区顶板覆岩断裂线将会重合在一起,覆岩直接联系。利用弹性基础梁模型,可以解出基本顶断裂线距离煤壁的位置即为基本顶岩梁最大弯矩处。

令煤壁处 $x=0$,则断裂线距煤壁距离为:

$$L_d = \frac{\tan^{-1}\left[\dfrac{\beta(2\alpha M_0 s + r Q_0)}{r^2 M_0 + \alpha r Q_0}\right]}{\beta} \tag{2-1}$$

其中,$\beta = \left(\dfrac{\sqrt{k/EI}}{2} + \dfrac{N}{4EI}\right)^{1/2}$,$\alpha = \left(\dfrac{\sqrt{k/EI}}{2} - \dfrac{N}{4EI}\right)^{1/2}$,$s = N/EI$,$r = \sqrt{k/EI}$。

式中　k——Winkler 地基系数,与上下夹支的软岩层的厚度及力学性质有关;

EI——基本顶岩梁的抗弯刚度;

M_0,Q_0,N——工作面煤壁位置($x=0$)所对应的截面内力。

基本顶断裂线位置主要与下层垫层,即直接顶、煤壁的性质以及自身力学性质有关,根据现场测试一般为 $2\sim10$ m,因此考虑基本顶断裂线因素,煤柱最小宽度判据为 $L_{min} \geqslant 2L_d$。

2.3.2 煤柱塑性破坏

当煤柱宽度可以阻止覆岩断裂线重合时,由于采空区侧向支承压力的作用,煤柱上方将会形成应力集中,如图 2-3 所示。在高支承压力作用下,煤柱会发生变形破坏,甚至发生煤柱型冲击矿压,煤柱破坏后,将失去支撑作用,引起上方覆岩结构的连锁运动,断裂后的平衡结构可能发生失稳运动,没有发生断裂的覆岩由于下方离层区域的扩大,将会经历初步断裂与周期断裂,从而引发新的矿压显现。目前常用的煤柱稳定性设计方法有 A. H. Wilson 提出的极限平衡理论以及经验公式法[156]。

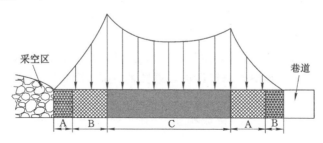

A—破碎区;B—塑性区;C—弹性区。

图 2-3　煤柱垂直应力分布示意图

在高应力区域,不但要考虑煤柱的塑性破坏,还要满足核区率稳定要求。因此,可得煤柱不发生静态破坏的条件为:

$$a_j \geqslant 2r_p + r_e \tag{2-2}$$

式中　a_j——煤柱宽度;

　　　r_p——煤柱屈服区宽度;

　　　r_e——煤柱弹性区宽度。

根据极限平衡理论可得近水平煤层屈服区宽度为[154]:

$$r = \frac{m\lambda}{2\tan\varphi_0}\ln\left(\frac{k\gamma H + \dfrac{C_0}{\tan\varphi_0}}{\dfrac{C_0}{\tan\varphi_0} + \dfrac{p_x}{A}}\right) \tag{2-3}$$

式中　m——煤柱高度;

　　　λ——侧压系数;

　　　φ_0, C_0——分别为煤体与顶底板岩层交界面的内摩擦角与黏聚力;

　　　k——应力集中系数;

　　　γ——岩层的平均容重;

　　　H——煤柱埋深;

　　　p_x——支架对巷帮的支护阻力。

根据稳定性理论,核区率应满足[156]:

$$\rho = \frac{a_j - 2r_p}{a_j} = \{0.65_{软煤}, 0.85_{中硬煤}, 0.9_{硬煤}\}$$

2.3.3　煤柱动态冲击破坏

实际上,煤柱的破坏有稳定塑性破坏,也有动态冲击破坏。当煤柱中的弹性核宽度达到一定比例时,煤柱容易发生冲击破坏,此时更容易引发上覆岩层空间结构的贯通与失稳。由华亭煤矿 250102 工作面冲击矿压分布可以看出,煤柱区出现冲击后,250101 采空区中也相应出现震动,反之则无。因此,覆岩空间结构形成条件中,应包含煤柱动态冲击临界宽度。

煤柱的动态冲击破坏可以利用突变理论给出临界宽度。为此,设煤柱宽度为 a,煤柱侧巷道的宽度为 b,煤柱中弹性核的宽度为 y。煤柱弹性区受到两侧塑性区的约束,处于三向应力状态(垂直应力 $\sigma_1 >$ 沿煤柱走向方向的应力 $\sigma_2 >$ 垂直于煤柱走向方向的应力 σ_3),根据弹性力学,其垂直方向的应变可表示为:

$$\varepsilon_1 = \frac{1}{E}\left[\sigma_3 - \mu(\sigma_2 + \sigma_3)\right] \qquad (2\text{-}4)$$

将煤柱的应力-应变问题简化为平面应变问题,则:

$$\sigma_2 = \mu(\sigma_1 + \sigma_3) \qquad (2\text{-}5)$$

煤柱塑性区的煤体已处于屈服状态,在弹性区与塑性区的交界处,有:

$$\sigma_1 = R_c + \lambda\sigma_3 \qquad (2\text{-}6)$$

式中 R_c——煤体的单轴抗压强度;

λ——侧压系数,极限应力状态下,$\lambda = (1 + \sin\varphi)/(1 - \sin\varphi)$。

由式(2-4)~式(2-6)得:

$$\sigma_1 = \frac{E\varepsilon_1}{(1+\mu)(1-\mu-\mu/\lambda)} - \frac{\mu R_c}{\lambda(1-\mu-\mu/\lambda)} \qquad (2\text{-}7)$$

在煤柱弹性区,其应力-应变可看作线性关系,在煤柱走向方向上取单位长度,则弹性区载荷 p_1 与变形 u 的关系可表示为:

$$p_1 = \frac{Ey}{(1+\mu)(1-\mu-\mu/\lambda)m}u - \frac{\mu R_c y}{\lambda(1-\mu-\mu/\lambda)} \qquad (2\text{-}8)$$

煤柱弹性区和塑性区的垂直应变相同,将塑性区简化为受两向应力状态(垂直应力 σ_1'、沿煤柱走向方向的应力 σ_2')的平面应变模型,其垂直方向和沿煤柱走向方向的应力-应变关系可表示为:

$$\begin{cases} \varepsilon_1 = \dfrac{1}{E}(\sigma_1' - \mu\sigma_2') \\ \sigma_2' = \mu\sigma_1' \end{cases} \qquad (2\text{-}9)$$

可得:

$$\sigma_1' = \frac{1}{1-\mu^2}\varepsilon_1 \qquad (2\text{-}10)$$

煤柱塑性区具有应变软化的性质,在式(2-10)中引入损伤参量 D,则:

$$\sigma_1' = \frac{1}{1-\mu^2}\varepsilon_1(1-D) \tag{2-11}$$

式中：$D = 1 - \mathrm{e}^{\varepsilon/\varepsilon_0}$，$\varepsilon_0$ 为常数。

对于宽度为 $a-y$ 的塑性区，在煤柱走向方向上取单位长度，则塑性区载荷 p_2 与变形的关系为：

$$p_2 = \frac{E(a-y)}{(1-\mu^2)m}u\,\mathrm{e}^{-u/u_0} \tag{2-12}$$

煤柱上的应力集中主要由上覆岩层载荷及上区段工作面开采和开掘巷道所引起，采空区所引起的附加载荷根据 King 提出的方法计算，巷道开掘所引起的载荷近似取巷道上覆岩层载荷的一半，则煤柱上的载荷 p_1 可表示为：

$$p_1 = \frac{0.3\gamma H^2}{2} + \gamma Ha + \frac{1}{2}b\gamma H = \frac{\gamma H}{2}(0.3H + 2a + b) \tag{2-13}$$

由煤柱及其顶板所组成的力学系统的总势能函数 V 可表示为：

$$\begin{aligned}
V &= V_1 + V_2 + V_3 \\
&= p_1 u + \int_0^u p_2 u\,\mathrm{d}u + \frac{1}{2}p_1 u \\
&= \frac{\gamma H}{2}(0.3H + 2a + b) + \int_0^u \frac{E(a-y)}{(1-\mu^2)m}u\,\mathrm{e}^{-u/u_0}\,\mathrm{d}u + \\
&\quad \frac{Ey}{2(1+\mu)(1-\mu-\mu/\lambda)m}u^2 - \frac{\mu R_c y}{2\lambda(1-\mu-\mu/\lambda)}u
\end{aligned} \tag{2-14}$$

式(2-14)即为突变理论中尖点突变模型的总势能函数。令总势能函数 V 的一阶导数等于零，得平衡曲面方程：

$$\begin{aligned}
V' &= \frac{E(a-y)}{(1-\mu^2)m}u\,\mathrm{e}^{-u/u_0} + \frac{Ey}{(1+\mu)(1-\mu-\mu/\lambda)m}u - \\
&\quad \frac{\mu R_c y}{2\lambda(1-\mu-\mu/\lambda)} - \frac{\gamma H}{2}(0.3H + 2a + b) = 0
\end{aligned} \tag{2-15}$$

将平衡曲面方程在 $u = 2u_0$ 处按泰勒公式展开，并截取至三次方项，引入无量纲状态变量 $x = (u - 2u_0)/(2u_0)$，进一步简化可以得到以 x 为状态变量，p、q 为控制变量的尖点突变理论标准形式的平衡曲面方程：

$$x^3 + px + q = 0 \tag{2-16}$$

其中：

$$p = \frac{3}{2}\left[\frac{(1-\mu)\mathrm{e}^2}{1-\mu-\mu/\lambda}\cdot\frac{y}{a-y} - 1\right] \tag{2-17}$$

$$q = \frac{3}{2} \left[\frac{(1-\mu)\mathrm{e}^2}{1-\mu-\mu/\lambda} \cdot \frac{y}{a-y} - l \right] \tag{2-18}$$

$$l = \frac{3}{2} \left[1 + \frac{(1-\mu)\mathrm{e}^2 y}{(a-y)(1-\mu-\mu/\lambda)} - \frac{(1-\mu^2)\mu m R_{\mathrm{c}} \mathrm{e}^2 y}{4\lambda E(a-y)(1-\mu-\mu/\lambda)u_0} \right] - \frac{3(1-\mu^2)m\mathrm{e}^2\gamma H(0.3H+2a+b)}{8E(a-y)u_0} \tag{2-19}$$

可见，l 与采深、上覆岩层容重、巷道宽度、煤柱宽度、煤柱厚度、煤层厚度、煤的泊松比、弹性模量、内摩擦角、单轴抗压强度等参数有关。

由平衡曲面方程(2-16)可得系统的分叉集方程：

$$4p^3 + 27q^2 = 0 \tag{2-20}$$

将 p、q 代入式(2-20)，可得：

$$2\left[\frac{(1-\mu)\mathrm{e}^2}{1-\mu-\mu/\lambda} \cdot \frac{y}{a-y} - 1 \right]^3 + 9\left[1 + \frac{(1-\mu)\mathrm{e}^2}{1-\mu-\mu/\lambda} \cdot \frac{y}{a-y} - l \right]^2 = 0 \tag{2-21}$$

显然只有当 $p \leqslant 0$ 时，式(2-21)才可能成立，即系统才能跨越分叉集发生突变。所以煤柱不发生突变失稳的判据为：

$$\frac{y}{a} \geqslant \left[\frac{1-\mu-\mu/\lambda}{(1-\mu)\mathrm{e}^2+1-\mu-\mu/\lambda} \right] \tag{2-22}$$

或写成：

$$a \geqslant 2r\left[\frac{(1-\mu)\mathrm{e}^2+1-\mu-\mu/\lambda}{(1-\mu)\mathrm{e}^2} \right] \tag{2-23}$$

式中　r——塑性区宽度，可按式(2-3)计算。

当煤柱宽度满足式(2-22)或式(2-23)时，则煤柱容易发生突然的动态失稳。例如，γ 取 25 kN/m³，煤的内摩擦角 $\varphi = 27°$，泊松比 $\mu = 0.3$，由式(2-22)计算可得 $\frac{y}{a} \geqslant 10.20\%$；设煤柱高度为 3.5 m，埋深为 450 m，煤岩界面黏聚力 $C_0 = 3.5$ MPa，内内摩擦角 $\varphi_0 = 28°$，忽略支架的影响，由式(2-23)可得煤柱不发生动力破坏的条件为 $a \geqslant 28.7$ m，这个宽度会随着采深的加大而加大。将煤柱发生动力失稳的最大宽度记为 a_{d}。

因此，综合顶板断裂线、煤柱静态稳定性与动态稳定性所需宽度条件，形成覆岩空间结构的煤柱宽度为：

$$L_{\min} \leqslant \max\{2L_{\mathrm{d}}, a_{\mathrm{j}}, a_{\mathrm{d}}\} \tag{2-24}$$

一般情况下，顶板的断裂线与煤柱塑性区宽度相等，即 $2L_{\mathrm{d}}$ 小于 a_{j} 与 a_{d}。

所以,判断形成覆岩空间结构的煤柱宽度,只需验证 a_j 与 a_d 即可。

2.4 覆岩空间结构动态演化过程

2.4.1 基于覆岩整体空间结构的工作面分类

2.4.1.1 "OX"型空间结构工作面

工作面开采过程中矿压显现主要受顶板覆岩"OX"破断与失稳的影响,称为"OX"型空间结构工作面,由上节内容可知,"OX"型空间结构工作面四周边界条件为实体煤或足以隔断采空区联系的大煤柱。鉴于关键层在岩层运动过程中所起的控制作用,根据关键层的破断与否,"OX"型空间结构分为两种结构:① 主关键层破断后,全空间"OX"覆岩空间结构;② 至少一层关键层尚未破断时,形成半空间"OX"覆岩空间结构。"OX"型空间结构因为四周为实体煤,开采过程中矿压显现主要受覆岩各关键层"砌体梁"结构形成与失稳过程造成的应力场变化与冲击动载的影响。当存在坚硬厚层基本顶时,来压步距大,扰动强。存在多层亚关键层时,满足一定条件下会出现关键层的复合破断[61],工作面的矿压显现更为强烈。

"OX"型空间结构是覆岩空间结构演化的基本形式,同时也是其他空间结构形式的边界条件与演化过程的重要组成部分。

2.4.1.2 "F"型空间结构工作面

"F"型空间结构工作面是指回采过程中,不但受上方顶板覆岩破断与失稳影响,同时受一侧"F"结构影响的工作面。因此"F"型空间结构工作面为一侧相邻采空区,并且两工作面煤柱宽度小于隔离采空区所需最小宽度,而另一侧为实体煤或者大煤柱的工作面。"F"型空间结构工作面的主要特点是顶板覆岩随开采的进行经历"OX"结构演化特征,同时"F"结构运动与失稳会对工作面造成显著影响。工作面覆岩会与一部分采空区覆岩结构协同运动,即包括了"OX"结构演化以及"F"臂在采动影响下的结构失稳运动。根据相邻采空区中关键层的破断与否,"F"结构可以分为两类:① 长臂"F"覆岩空间结构,对应相邻采空区为半空间"OX"结构,如图 2-4(a)、(b)所示;② 短臂"F"覆岩空间结构,对应相邻采空区为全空间"OX"结构,如图 2-4(c)、(d)所示。处于"F"覆岩结构下的工作面,开采时矿压显现、覆岩运动与应力场演化比"OX"结构复杂,体现在采空区震动频繁,造成采空区一侧沿空巷剧烈变形破坏,尤其是长臂"F"覆岩空间结构,未断裂的关键层将形成横跨两个工作面的大"OX"结构,一次破断面积大,运动剧烈,极易诱发冲击矿压与强矿震,第1章中所叙鲍店煤矿即为典型代表。

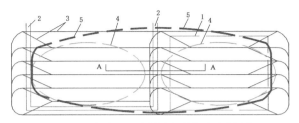

（a）长臂"F"覆岩空间结构平面示意图

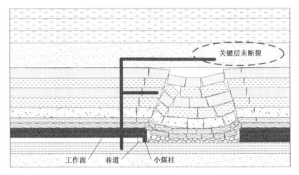

（b）长臂"F"覆岩空间结构剖面示意图

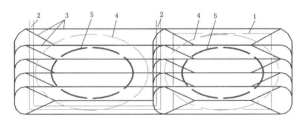

（c）短臂"F"覆岩空间结构平面示意图

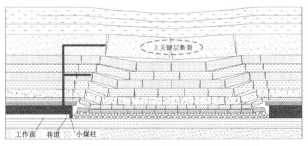

（d）短臂"F"覆岩空间结构剖面示意图

1—上区段采空区；2—下区段工作面平巷；3,4—亚关键层断裂线；5—主关键层断裂线。

图 2-4 "F"覆岩空间结构示意图与分类

2.4.1.3 "T"型空间结构工作面

"T"型空间结构工作面是指在回采过程中,地质条件、开采技术因素导致采区内形成的孤岛工作面,不但受上方顶板覆岩破断与失稳影响,同时受两侧或两侧以上"F"结构的影响。即相邻两侧或两侧以上为采空区,并且煤柱宽度小于隔离采空区所需最小宽度,从剖面上看,孤岛工作面覆岩形态为两个背靠背的"F",似字母"T",称之为"T"型空间结构。孤岛工作面应力集中程度高、覆岩运动剧烈,矿压显现强于非孤岛工作面,极易出现冲击矿压动力灾害[36]。由于孤岛工作面四周覆岩均已发生断裂,工作面开采后四周覆岩与工作面顶板岩层将协同运动、相互影响,导致孤岛工作面支承压力场峰值高、扰动远、变化快。"T"结构可以分为三类:① 两侧主关键层均断裂的对称短臂"T"结构;② 两侧存在尚未断裂的关键层,称为对称长臂"T"结构;③ 一侧关键层未断裂,一侧主关键层断裂的非对称"T"结构。"T"覆岩空间结构示意图与分类如图2-5所示。不同的结构对应着不同的矿压显现规律。第一类结构整个工作面范围矿压显现与短臂"F"结构采空侧的矿压显现类似,但支承压力高于"F"结构工作面。对称长臂"T"覆岩空间结构由于两侧关键层尚未断裂,工作面来压次数与动载特征要高于第一类结构,两巷维护难度加大,煤体震动增多,并且当工作面推进一段距离后,由于关键层跨度的增大,会出现关键层断裂来压现象,从而引起高能量级别矿震。虽然破裂源主要集中在两侧采空区与本工作面中部,但是高能量震动波传播至工作面后,仍极有可能造成工作面冲击矿压事故。对于第三类非对称"T"覆岩空间结构,开采前其支承压力场分布短臂一侧与第一类类似,而长臂一侧则与第二类类似,工作面推进初期,矿压显现规律也与两类结构类似。但是,尚未断裂的关键层开始断裂运动时,则矿压显现要比前两类剧烈很多,主要原因就是,此时关键层的一侧断裂线位于工作面巷道上方,中间的断裂线也靠近另一条巷道上方,因此,关键层断裂诱发的高能级震动对巷道的破坏作用要高得多,从鲍店煤矿十采区 $103_{\pm}02$ 孤岛工作面与济三煤矿 $163_{\pm}02C$ 孤岛工作面的对比中可以得到验证。$103_{\pm}02$ 孤岛工作面为非对称"T"覆岩空间结构,震动集中在长臂采空区与本工作面上方的主关键层中,能量高(超过 10^5 J)、震动频繁,经常造成地面晃动。而 $163_{\pm}02C$ 孤岛工作面为对称短臂"T"结构,两侧主关键层已经断裂,掘进过程中巷道压力较大,但开采过程中采空区中震动很少,而且鲜有高能量震动。

2.4.2 覆岩"OX—F—T"空间结构动态演化过程

基于以上分析,将覆岩空间结构演化过程用图2-6表示。采区内首采(单一)工作面开采后,上覆岩层依次破断,各关键层破断后形成"砌体梁"平衡结构,破断形态为O-X,即形成"OX"型空间结构,根据各关键层的破断程度,细分为全空间

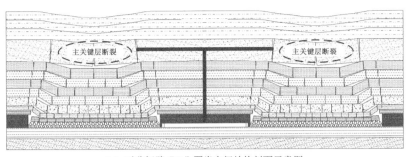

（a）对称短臂"T"覆岩空间结构剖面示意图

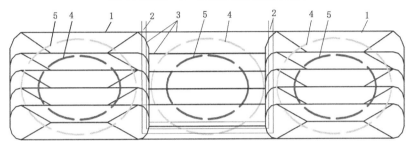

（b）对称短臂"T"覆岩空间结构平面示意图

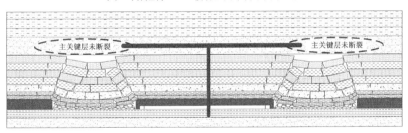

（c）对称长臂"T"覆岩空间结构剖面示意图

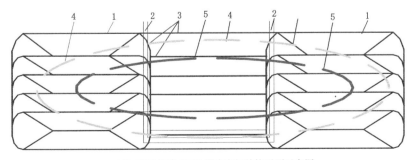

（d）对称长臂"T"覆岩空间结构平面示意图

图 2-5 "T"覆岩空间结构示意图与分类

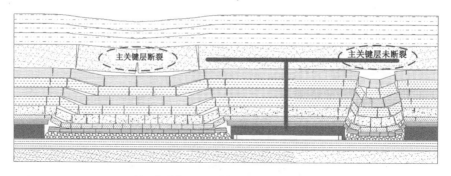

（e）非对称"T"覆岩空间结构剖面示意图

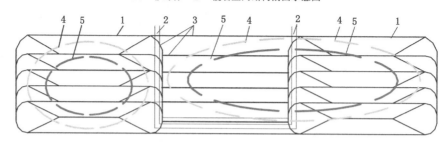

（f）非对称"T"覆岩空间结构平面示意图

1—上区段采空区；2—下区段工作面平巷；3,4—亚关键层断裂线；5—主关键层断裂线。

图 2-5（续）

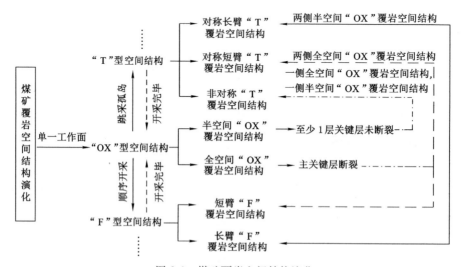

图 2-6　煤矿覆岩空间结构演化

"OX"覆岩空间结构与半空间"OX"覆岩空间结构。接续工作面煤柱宽度满足式(2-24),"F"空间结构形成,其中全空间"OX"覆岩空间结构演化为短臂"F"覆岩空间结构,半空间"OX"覆岩空间结构演化为长臂"F"覆岩空间结构。"F"型空间结构工作面开采后,覆岩空间结构回归为"OX"型空间结构,在地质条件、工作面宽度相等的情况下,短臂"F"覆岩空间结构回归为全空间"OX"覆岩空间结构,而长臂"F"覆岩空间结构可能回归为半空间或全空间"OX"覆岩空间结构,取决于关键层的破断距。继续顺序开采后,呈"F"型空间结构,至采区内工作面回采完毕。

地质与生产接续因素导致孤岛工作面形成,则孤岛工作面左右两侧为两个"OX"型空间结构,形成"T"型空间结构,与"F"型空间结构类似,根据"OX"型空间结构的两种状态演化成3种不同的"T"型空间结构。而"T"型空间结构工作面开采完毕后,覆岩结构回归到"OX"型空间结构,根据采区内工作面接替情况,后续工作面可能出现"OX"型、"F"型或者"T"型空间结构。

2.5 小结

(1) 大量现场冲击矿压灾害的微震监测表明,本工作面与相邻采空区覆岩形成的空间结构失稳造成的冲击矿压越来越多,基于关键层理论,提出了覆岩空间结构失稳型冲击矿压类型。

(2) 提出了覆岩整体空间结构形态为水平层面的"OX"型空间结构与竖向的"F"型空间结构的组合,"OX"与"F"型空间结构的形成与失稳不断进行,称为煤矿覆岩空间结构动态演化循环。根据工作面受"OX"与"F"型空间结构影响程度的不同,将工作面开采过程中覆岩所形成的空间结构分为3种基本类型,即主要受"OX"结构影响的"OX"型空间结构工作面、一侧受"F"结构影响的"F"型空间结构工作面、两侧受"F"结构影响的孤岛"T"型空间结构工作面。

(3) 工作面之间的边界主要为煤柱,煤柱的宽度与状态决定了覆岩空间结构的形态,只有满足了一定条件,覆岩空间结构才能由"OX"型空间结构向"F"型空间结构与"T"型空间结构演化。从顶板覆岩断裂线位置、煤柱塑性破坏、煤柱稳定性与动态失稳四个因素,给出了覆岩能够形成空间结构演化的煤柱宽度判据。

(4) 关键层在覆岩破断运动过程起主导作用,根据覆岩关键层的状态对"OX"型、"F"型与"T"型空间结构进行了详细的分类。"OX"型空间结构可以分为半空间与全空间"OX"覆岩空间结构两类;"F"型空间结构分为短臂与长臂"F"覆岩空间结构;而"T"型空间结构分为对称短臂、对称长臂、非对称"T"覆岩空间结构,不同的空间结构对应着不同的覆岩运动模式与矿压显现。

3 煤矿覆岩"OX—F—T"空间结构演化的相似材料模拟

3.1 引言

煤矿采场覆岩运动、结构失稳演化研究的试验技术主要有计算机离散元模拟与相似材料模拟。虽然计算机模拟技术发展迅速,但是相似材料模拟试验依然是研究覆岩运动的最佳方法。从矿山压力理论研究伊始,相似材料模拟试验就发挥了重要作用,许多矿压成果的发现都离不开相似材料模拟的帮助,如关键层理论、"三带"特征、地表下沉规律等[61]。本章主要以华亭煤矿2501采区地质条件为基础,研究覆岩运动与结构演化规律。

3.2 模拟试验设计

3.2.1 试验目的

相似材料模拟试验在中国矿业大学岩层控制中心进行,目的是验证与研究煤矿覆岩"OX—F—T"结构演化过程规律。设计平面应力模型尺寸为 5 m×1.2 m×0.3 m,并依据华亭煤矿2501采区地质条件进行了相应的简化处理。为了反映"OX—F—T"空间结构的演化过程,改变了原采区的开采方式,人为地设计了一个孤岛工作面。相似材料模拟试验方案如图3-1所示。

3.2.2 模型相似比设计

相似材料模拟的理论依据为"相似定律"[157],即几何相似、物理相似和初始、边界条件相似。首先应根据模拟目的与条件,确定几何相似比。研究表明,上覆岩层运动与矿压规律的几何相似比应不大于150,才能保证模拟的精度。本次模拟需要开挖4个工作面,其中3个工作面宽度为150 m,1个工作面宽度为80 m。3个区段小煤柱总宽度为15 m,共545 m,目前实验室模型架最大长

图 3-1　相似材料模拟试验方案

度为 5 m,因此,确定几何相似比为 $C_1=120$。

所模拟煤系地层密度平均为 2.6 g/cm³,以砂子为骨料制成的相似材料平均密度为 1.5 g/cm³,密度相似比 $C_\rho=2.6/1.5=1.73$。

模型的几何相似比 C_1 与密度相似比 C_ρ 确定后即可求得应力相似比 $C_\sigma=C_1C_\rho=120\times1.73=208$。模型所受原岩应力场、煤岩体的强度相似比均为 208。

3.2.3　相似材料参数设计

本次模拟岩层属性来源于华亭煤矿 2501 采区,模拟材料的强度值可由 $\sigma_{mi}=\sigma_{pi}/C_\sigma$ 计算得到。由于岩块的强度高于岩体强度,因此对各层 σ_{pi} 折减一半。根据计算所得材料强度,参照相关文献[153],以砂子为骨料,碳酸钙、石膏为胶结剂,添加适量硼砂作为缓凝剂。经过实验室调试符合强度要求后,获得最佳配比。模型架长宽尺寸为 5 m × 0.3 m,根据各层模拟岩层厚度,可计算出各模拟材料的用量。模型配比表见表 3-1。

表 3-1　模型配比表

岩层	配比号	模拟强度/kPa	模型厚度/cm	总干重/kg	砂/kg	碳酸钙/kg	石膏/kg	水/kg	硼砂/g
中细砂岩	337	288.467	16.67	450.00	337.5	33.75	78.75	56.25	562.5
	分两次拌料				168.75	16.875	39.375	28.125	281.25
粗砂岩	737	190.388	2.25	60.76	53.16	2.28	5.32	7.59	75.94

表 3-1(续)

岩层	配比号	模拟强度 /kPa	模型厚度 /cm	总干重 /kg	砂/kg	碳酸钙 /kg	石膏/kg	水/kg	硼砂/g
砂泥岩	373	161.54	3.75	101.25	75.94	17.72	7.59	12.66	126.56
粉砂岩	555	173.08	2.33	63.00	52.50	5.25	5.25	7.88	78.75
砂页岩	473	126.92	2.83	76.50	61.20	10.71	4.59	9.56	95.63
细砂岩	537	253.85	10.0	270.00	225.00	13.50	31.50	33.75	337.50
泥岩	773	150.00	2.08	56.25	49.22	4.92	2.11	7.03	70.31
粗砂岩	755	184.61	2.50	67.50	59.06	4.22	4.22	8.44	84.38
3煤	873	103.84	1.25	33.76	30.00	2.63	1.13	4.22	42.19
泥岩	773	144.23	2.92	78.75	68.91	6.89	2.95	9.84	98.44
粗砂岩	555	230.77	6.67	180.00	150.00	15.00	15.00	22.5	225.00
泥岩	773	155.77	3.33	90.01	78.75	7.88	3.38	11.25	112.50
碳质泥岩	673	132.69	2.08	56.25	48.21	5.63	2.41	7.03	70.31
5煤	873	98.07	5.00	135.00	120.00	10.50	4.50	16.88	168.75
底板泥岩	373	138.46	3.00	81.01	60.75	14.18	6.08	10.13	101.25
底板砂岩	455	190.38	8.33	225.00	180.00	22.50	22.50	28.13	281.25

注:1. 配比号的意义,第一位数字代表砂胶比;第二、三位数字代表胶结物中两种胶结物的比例关系。

　　2. 煤层的相似材料配比骨料由砂子、粉煤灰共同组成,且砂子与粉煤灰质量比为 3∶1。

　　3. 硼砂用量为水量的 1/100。

模型应力场为自重应力场。模型主关键层以上岩层作为等效载荷施加在上边界,关键层以上模型厚度为 400 m,因此垂直应力为 0.047 MPa,采用铁锤杠杆加载方式。

3.2.4　模型制作与测点布置

根据表 3-1 设计参数,从底板 1 至顶板 16 沿水平方向逐层拌料、铺设、压实后,撒上云母粉模拟层理面,当岩层厚度较大时,分次铺设。为了便于观察采动后覆岩的运动情况,在模型的表面刷上薄层石灰水并布设水平及铅垂观测线。

模型铺设完毕后,晾 7 d 至干燥,拆除挡板,在表面刷上薄层白色石灰,并布设水平与铅垂观测网格,网格边长为 10 cm。如图 3-2 为铺设完毕后的模型正面照片。

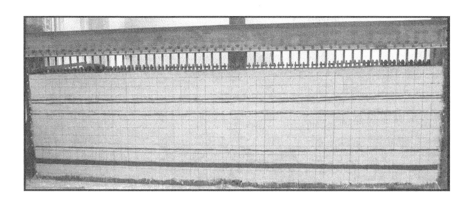

图 3-2　铺设完毕后的模型正面照

3.2.5　开挖步骤

（1）首先开挖工作面 1，每次开挖 10 m，间隔半小时，分析顶板覆岩的垮落规律与各阶段形成的结构特点。

（2）待工作面 1 开挖稳定后，开始开挖工作面 2。一次开挖步长与时间间距与工作面 1 相同。在分析工作面 2 覆岩运动的同时，监测工作面 2 开采对工作面 1 断裂后形成的顶板结构稳定性的影响。

（3）开挖右侧工作面 3，此面宽度较小，目的是形成非充分采动覆岩结构，比较左侧充分采动与非充分采动对孤岛工作面 3 的不同影响。

（4）待右侧工作面 3 稳定后，进行最后孤岛工作面 4 的开挖，从右向左推进至工作面设计边界。

3.3　开挖过程覆岩运动规律

3.3.1　工作面 1 开挖过程中覆岩移动规律

模型晾晒 7 d 以及监测点布置等准备工作完成后，即可进行煤层开挖工作，按照预先设计的开挖步骤进行。开挖过程中对顶板岩层事件记录时间，保证顶板岩层事件与压力、位移监测相对应。

第一步：开挖 10 m，直接顶未出现明显裂隙与离层，处于稳定状态。

第二步：开挖 20 m，直接顶出现轻微离层，中部离层量最大，向两侧逐渐衰减，至煤壁支撑处消失。直接顶没有发生垮落。

第三步:开挖 30 m,直接顶离层量与区域继续扩大,在两端开始出现竖向裂纹,直接顶即将达到临界状态;基本顶开始出现横向裂纹。

第四步:开挖 40 m,直接顶下沉速度明显加快,后突然垮落。形成直接顶的初次来压,垮落后的直接顶断裂成 5 块岩块,平铺在底板上,长度基本相等,之间无水平铰接力。靠近煤壁的岩块有一小部分搭落在煤壁上。上方形成悬露空间,高度与煤层采高基本相等,说明规则垮落带岩层碎胀系数较小。此时,基本顶岩层离层向前扩展,中部离层明显。

第五步:开挖 50 m,直接顶周期性垮落。周期垮落步距为初次垮落步距的1/4,垮落后的直接顶断裂成两块,其中,靠近煤壁端的岩块短于后部岩块。后部岩块落在之前搭接在煤壁上的小块上,具有一定的倾斜角度,不像初次垮落那样整齐排列。随着悬顶的加大,基本顶进一步离层,从中部开始离层区长度超过 30 m。

第六步:开挖 60 m,直接顶随采后垮落,此次垮落的直接顶为一整块,下部虽有裂纹,但未全分开。基本顶的下沉突然加速,在直接顶垮落 1 min 后,基本顶突然垮落,形成基本顶的初次断裂。垮落的基本顶没有形成平衡结构,平铺排列在直接顶上。垮落的基本顶断裂成 5 块。与直接顶初次断裂后形成的岩块不同,靠近煤壁一端的基本顶长度为总体长度的1/2,中部岩块分开较为明显,有贯通的竖向裂隙。煤柱一端的岩块分开不明显,之间有联系,并且形成形似"O-X"的破断,如图 3-3(d)所示。煤壁端岩块长度大,完整性好,对工作面影响大,现场出现这种情况很可能造成压架与片帮事故。上覆的亚关键层保持稳定。

第七步:开挖 70 m,直接顶周期垮落。基本顶以悬臂梁形式保持稳定,与上层亚关键层并未脱离,离层发育也不明显。

第八步:开挖 80 m,直接顶先行垮落后,基本顶垮落。基本顶的周期来压步距为 20 m,为初次来压步距的1/3,为直接顶周期来压步距的 2 倍。不同于直接顶从煤壁处切落,基本顶断裂后岩块长度为 18 m,悬露近 10 m。上方亚关键层1 无明显离层,但是上方软岩层即关键层 2 下部开始离层,并且逐步增大。

第九步:开挖 90 m,亚关键层1 突然断裂,带动上方 4 层软弱岩层成组协同断裂,并压迫下位基本顶,使处于一半周期来压步距的基本顶垮落。基本顶垮落速度高于关键层1 垮落的速度。关键层1 连同上方岩层组形成了三铰拱式的平衡结构。中部竖向裂纹贯穿岩层组,煤柱与煤壁端上方竖向裂纹宽度加大,但并未贯通整个岩组,底部拱角保持完好。断裂后的三铰拱,煤壁侧岩块长 35 m,后端岩块长40 m。关键层1 岩组间,层间离层与错动明显。亚关键层2 开始出现离层。

第十步:开挖 100 m,直接顶周期垮落,基本顶出现离层,亚关键层1 保持稳定。

第十一步:开挖 110 m,基本顶断裂,煤壁端受到摩擦力作用,形成暂时的稳定结构。亚关键层1 前方竖向裂纹扩大,上方软弱岩层竖向裂纹不发育。关键层1

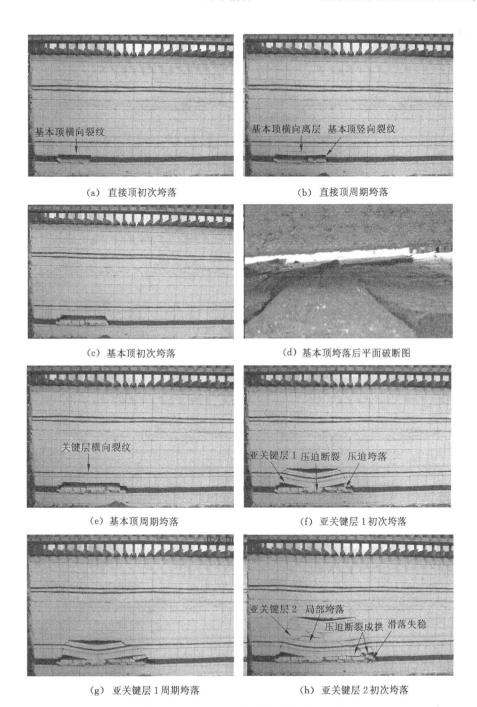

（a）直接顶初次垮落　　　　　　　　（b）直接顶周期垮落

（c）基本顶初次垮落　　　　　　　　（d）基本顶垮落后平面破断图

（e）基本顶周期垮落　　　　　　　　（f）亚关键层1初次垮落

（g）亚关键层1周期垮落　　　　　　（h）亚关键层2初次垮落

图 3-3　工作面 1 开挖过程中覆岩运动图

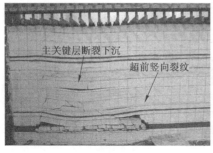
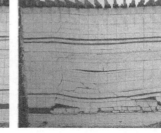

(i) 主关键层断裂下沉   (j) 工作面1开挖完成

图 3-3(续)

下沉,后方断块裂纹闭合。此次断裂,并非成组一起运动,在 3 煤上部出现离层,最上两层并未协同运动。此次断裂可看作亚关键层周期破断,周期步距为 30 m。

第十二步:开挖 115 m,直接顶垮落,之前形成结构的基本顶岩块由于失去支撑滑落。亚关键层 1 继续旋转下沉,煤壁端的竖向裂纹扩大。与后方岩块之间在下部重新张开,上部挤压,此阶段亚关键层 1 以旋转下沉为主。前端铰接点为下位岩层,后端铰接点为两岩块上部。与关键层 1 岩组分离的两层软弱岩层达到极限跨距后断裂,由于厚度较小,对下部亚关键层 1 的稳定性影响不大。

第十三步:开挖 117 m,关键层 2 岩组突然加速离层,底部出现明显的裂缝。岩层组及其下部断裂岩层有明显位移,可以看作亚关键层 2 的断裂来压前兆或小来压。约 5 min 后,亚关键层 2 断裂,形成与亚关键层 1 相似的平衡结构。由于关键层 2 的来压,造成了下位各岩层下沉,其中基本顶岩层直接垮落,亚关键层 1 断裂后与后面岩块形成平衡结构。关键层 1 主断裂线前方也开始出现竖向裂纹,亚关键层 2 的断裂来压的扰动程度较大,同时,主关键层下部开裂,上部各层之间出现离层。

第十四步:开挖 120 m,基本顶垮落,亚关键层 1 与其上软弱岩层分离,并滑落失稳。分离后的软弱岩层作为亚关键层 2 的拱脚,形成平衡结构并且承载。由于上方覆岩垮落造成的前方裂纹发育,进一步破碎了顶板,直接顶与基本顶的来压步距均减小,呈断块,容易发生滑落失稳。

第十五步:开挖 125 m,基本顶首先垮落,然后亚关键层 1 断裂,亚关键层 2 出现缓慢下沉特点,无明显的断裂与垮落。下部裂纹与离层逐渐压实。同时,主关键层也缓慢下沉,上部岩层离层加大,各岩层两端均出现拉裂纹,主关键层中部竖向拉裂缝扩大,但未贯通。两端裂纹比下位岩层更往煤壁(煤柱)深部发展,表现出煤壁影响断裂线在此处出现的外错,煤壁支撑影响角也变大。由于下位岩层的碎胀性与离层以及端部平衡结构的存在,主关键层下部离层量明显减小,限制了主关键层的快速运动,使主关键层处于裂隙带与弯曲下沉带的过渡段,更加靠近弯曲下沉带。

工作面 1 开挖过程中覆岩运动图如图 3-3 所示。

3.3.2　工作面 2 开挖过程中覆岩移动规律

待工作面 1 开挖稳定后,开始布置开挖工作面 2(两工作面之间留有 5 m 小煤柱),开挖步距和间隔参数与工作面 1 相同。工作面 1 开挖后,在工作面端部的弧三角板形成稳定结构,同时由于煤壁支撑角的影响,以各关键层为骨架形成了倒三角的边界条件,此边界即是上节中所提出的"F"结构,如图 3-4 所示。在平面模型中,我们只能考察工作面 2 开挖初始阶段"F"结构的稳定性及其对工作面 2 覆岩运动的影响,工作面推进过程中的运动规律只能用三维模型或者理论分析得到,然而平面模型所反映出的规律是极具指导意义的。

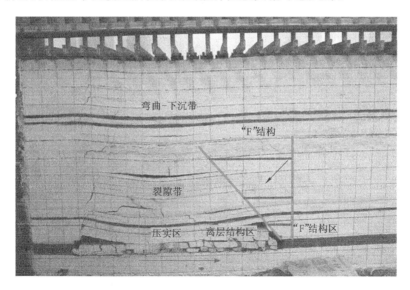

图 3-4　工作面 1 开采后形成"F"结构边界

第一步:开挖 10 m,工作面 2 直接顶保持稳定,未出现明显离层与裂纹。工作面 1 顶板与煤柱也无明显位移与破坏。可以看出,在工作面 2 顶板与煤柱稳定的情况下,作为边界的顶板结构不会发生失稳运动。

第二步:开挖 15 m,工作面 2 直接顶出现离层,煤柱在两工作面顶板下沉的作用下开始破坏,首先出现破裂的位置为煤柱靠采空区一侧底角,然后工作面一侧煤柱也开始掉渣、破坏,可以看出采空区一侧应力高于工作面一侧。由于煤柱破坏,承载能力下降,导致采空区中基本顶岩块的垮落。同时,亚关键层1悬露块,即"F"结构第一层悬臂,张开裂纹开始扩大,并向煤柱延伸。可见,小煤柱无法隔离两工作面之间的相互影响,在采动作用下,煤柱逐渐破坏,采空区边缘的平衡结构拱角受到破坏,开始重新活动。随着开采的进行这种运动将更加明显与剧烈。

第三步:开挖20 m,随着煤柱的破坏,采空区中覆岩与工作面直接顶同时突然下沉,并出现"片帮"现象,采空区中覆岩运动范围大,主主关键层裂纹超前下位岩层裂纹,至工作面开采位置。由于采空区中覆岩整体下沉,使离层空间锐减,"F"结构各层岩臂无明显旋转,但下沉过程中与后方岩块摩擦挤压并沿接触面滑移。工作面直接顶弯曲明显,稍后垮落,至底板后断裂成长度大致相等的三块岩块。此次垮落可认为是直接顶的初次垮落。可见由于边界条件的不同,工作面2直接顶初次垮落步距仅为工作面1的一半,虽然垮落步距降低,但是来压过程中所涉及的岩层范围却远大于工作面1的顶板垮落范围。因此,在工作面2初采期间,采空区侧以及采空区中岩层失稳最频繁。

第四步:开挖30 m,基本顶垮落。由于顶板中裂纹的发育,基本顶垮落的同时,导致了上方岩层的片帮与掉落。同时,随着开采进行,采空区边界岩层逐渐下沉并被压平,对工作面的影响减弱。

工作面继续开挖,覆岩的垮落过程与结构形态与工作面1类似,这里不再赘述。

工作面2开挖过程中典型覆岩运动图如图3-5所示。

3.3.3 孤岛工作面4开挖过程中覆岩移动规律

孤岛工作面4最后开挖,左侧为工作面1、2,右侧为工作面3。左侧开采范围大,两工作面由于煤柱较小,采空区已连为一体,进入充分采动阶段。左侧工作面较短,垮落只进行到亚关键层1。孤岛工作面与两侧采空区之间煤柱宽度为5 m。以下仅对开采过程中覆岩出现的断裂垮落等事件进行详细描述。孤岛工作面4的"T"结构形态如图3-6所示。

第一步:开挖至25 m,孤岛工作面直接顶开始离层,煤柱开始破裂。采空区3中亚关键层2出现竖向拉裂纹。

第二步:开挖35 m,直接顶离层加速,煤柱外表面开始剥离,直接顶垮落,造成了部分煤柱的剥落,同时采空区3中亚关键层1煤柱端悬臂下沉。可见,孤岛工作面直接顶来压步距受采空区3的影响不大,主要因为采空区3尺度小,煤柱上方覆岩破坏程度小,孤岛工作面顶板在煤柱上方依然可以认为处于固支状态。这与工作面2显著不同。孤岛工作面基本顶出现离层,裂纹延伸至采空区3中。煤柱继续破坏,开始掉渣。采空区中亚关键层2至主关键层均出现离层,离层裂

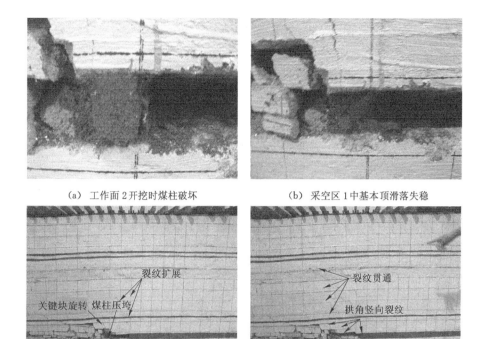

(a) 工作面2开挖时煤柱破坏 　　　　　(b) 采空区1中基本顶滑落失稳

(c) 工作面2开挖时煤柱破坏 　　　　　(d) 工作面2直接顶垮落

图 3-5　工作面 2 开挖过程中典型覆岩运动图

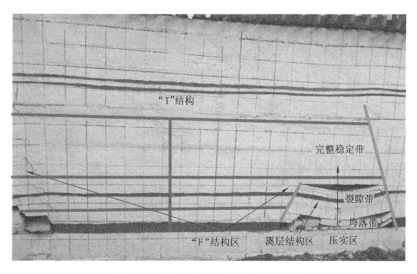

图 3-6　孤岛工作面 4 的"T"结构形态

隙发展至孤岛工作面上方,并在工作面煤壁上方产生众多竖向裂纹。可见,采空区中亚关键层 2、主关键层与孤岛工作面连为一体,形成前支点在煤壁上方、后支点在煤柱上的拱结构。

第三步:孤岛工作面继续开挖,直接顶垮落。采空区 3 中上覆岩层运动加速,出现掉渣剥离现象。基本顶及以上岩层裂隙发育,明显高于其他工作面开采时,下沉量也较大。

第四步:开挖至 50 m,直接顶煤柱端滑落,连同煤柱压缩破坏,基本顶垮落,并且形成了平衡结构。这也与其他工作面开采过程中基本顶不能形成结构不同。采空区中亚关键层 1 下部离层逐渐减小,直至地表岩层均出现裂纹。

第五步:继续开挖,基本顶垮落,伴随亚关键层 1 的垮落,形成复合破断。复合破断增加了一次破断岩层厚度与跨距,并且使基本顶难于形成平衡结构,对工作面影响较大。工作面两侧模型顶部明显下沉。

第六步:开挖 90 m,只有基本顶离层垮落,亚关键层同步垮落。上覆岩层同步大范围起裂下沉,中部始终处于压实状态。

第七步:继续开挖,工作面剩余宽度为 30 m 时,煤体突然被压坏,破坏深度达 10 cm,片帮严重,模型整体下沉。孤岛工作面连同两侧采空区中的平衡结构全部被摧毁,失稳。可见,当前后均为采空区的孤岛工作面推进至停采阶段,矿山压力显现剧烈,有冲击矿压危险。

孤岛工作面 4 开挖过程中覆岩运动状态图如图 3-7 所示。

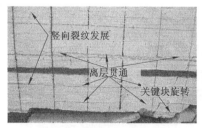

(a) 直接顶初次垮落期间离层发育

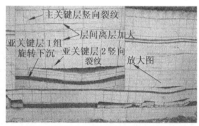

(b) 直接顶周期垮落采空区覆岩破裂变形

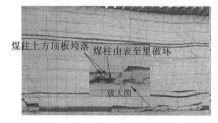

(c) 小煤柱破坏

(d) 基本顶初次垮落

图 3-7 孤岛工作面 4 开挖过程中覆岩运动状态图

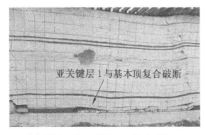

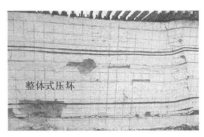

（e）基本顶与亚关键层1复合破断　　　　　（f）开挖后期煤柱整体式破坏

图 3-7（续）

3.4　巨厚顶板覆岩运动模拟

由第 2 章的分析可知,覆岩中的坚硬关键层是形成覆岩空间结构的主体与骨架,尤其是上方的巨厚坚硬岩层,其破断步距往往大于一个工作面的尺度,并且一次垮落厚度大、步距长,对工作面的矿压显现具有重要作用。巨厚关键层破裂与运动过程中能够释放大量的弹性能,一部分就以震动波的形式传播。巨厚关键层的震动效应一方面会造成工作面煤岩的冲击动力显现,同时还会诱发地质构造带的活化与地表的突然塌陷,危害相当巨大。我国具有巨厚关键层的典型矿区有兖州矿区、义马矿区、淮北矿区等,目前这些矿区由于开采范围较大,均存在巨厚岩层下大面积采空的安全开采问题。因此,对于巨厚岩层,分析掌握其在采动过程中可能形成的空间结构形式以及失稳方式,是防治此类矿压显现的基础。

3.4.1　模型地质条件与设计

以河南义马跃进煤矿 25 采区为例,采深为 800～1 000 m,开采过程中冲击矿压灾害严重。根据跃进煤矿综合柱状图,从上至下地质条件为:表土层,0～26 m;泥灰岩,0～27 m;巨厚砾岩,180～550 m(局部区域直达地表,主关键层);泥岩,3 m;煤层,2 m;粉砂岩,12 m;泥岩,2 m;煤层,3 m;泥岩,20 m;主采煤层,8～10 m;泥岩,24 m。

模拟设计方法与 3.2 节类似。模型几何相似常数为 100,应力相似常数为173。模拟开采煤层厚度为 10 m,采深为 850 m,巨厚砾岩层厚度为 80 m。巨厚顶板条件下相似模型材料配比表见表 3-2。配比号含义与前述相同。

表 3-2　巨厚顶板条件下相似模型材料配比表

岩层名称	配比号	模拟厚度/cm	实际强度/MPa	模拟强度/kPa	砂/kg	碳酸钙/kg	石膏/kg	水/kg	硼砂/g	总质量/kg
泥岩	373	24	20.00	115.39	486.00	113.40	48.60	81.00	0.81	648
煤层	573	10	14.43	83.25	225.00	31.50	13.50	30.00	0.30	270
泥岩	373	20	20.00	115.39	405.00	94.50	40.50	67.50	0.68	540
煤层	573	3	14.43	83.25	67.50	9.45	4.05	10.13	0.10	81
粉砂岩	355	12	35.25	203.40	243.00	40.50	40.50	40.50	0.41	324
煤层	573	2	14.43	83.25	45.00	6.30	2.70	6.00	0.06	54
泥岩	373	3	20.00	115.39	60.75	14.18	6.08	10.13	0.10	81
砾岩	337	80	52.05	300.29	1 620.00	162.00	378.00	270.00	2.70	2 160
总厚度		154	总质量		3 152.25	471.83	533.93	515.25	5.16	4 158

3.4.2　开挖过程中覆岩运动

同上节相似,我们采用分步开挖的方式,每次开采 5 m,间隔时间为半小时。开挖过程中顶板的离层发展不再详细描述,仅将代表性岩层的垮落与失稳过程进行描述。

(1) 工作面 1 开挖过程中 20 m 厚的整层泥岩顶板分 3 层垮落,以中线为分界,下部垮落成厚度平均的两层,上部为一层。这说明厚度较大顶板在变形过程中,层间剪切力大,顶板首先出现的是层间剪破坏,然后端部拉断、垮落。下部垮落岩块较短,往上发展,靠近煤壁块度长于后方。煤壁支撑影响角小,根据砌体梁理论,很难形成稳定结构,因此,上部分层具有三铰拱的形态,但是前后铰接点均滑落失稳。泥岩顶板垮落如图 3-8(a)所示。

(2) 工作面 1 开挖完毕后,泥岩上方粉砂岩垮落,连同上方软弱煤岩层一起运动,与上方巨厚岩层离层,形成矩形离层区。此时即为工作面 1 覆岩运动发展的最大高度,为 4 倍采高,由于巨厚关键层的存在,阻碍了破裂的继续发展。工作面开挖完毕后状态如图 3-8(b)所示。

(3) 工作面 1 开挖完成后,巨厚关键层没有发生明显离层与裂隙,因此,将以长臂边界的形式与相邻工作面发生协同运动,即相邻工作面顺序开采将形成长臂"F"覆岩空间结构工作面;若相邻为孤岛工作面,将形成长臂"T"覆岩空间结构(对称或非对称,取决于另一侧覆岩空间状态)。工作面 2 的"F"结构如图 3-9(a)所示。

(4) 工作面中间留 4 m 小煤柱,开挖下一工作面。开挖初始阶段小煤柱稳

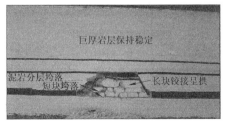 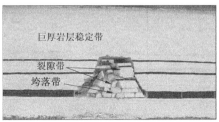

（a）泥岩顶板垮落　　　　　　　　　（b）工作面开挖完毕后状态

图 3-8　工作面 1 开挖覆岩运动状态

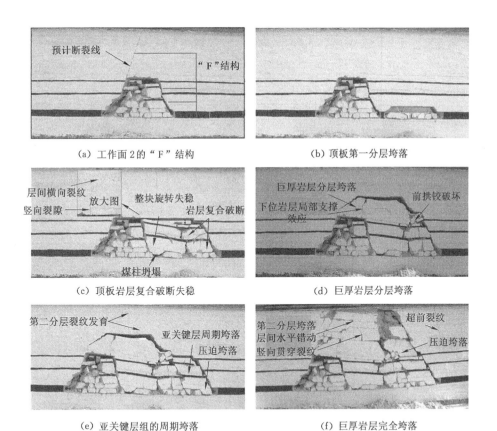

（a）工作面 2 的"F"结构　　　　　　　（b）顶板第一分层垮落

（c）顶板岩层复合破断失稳　　　　　　（d）巨厚岩层分层垮落

（e）亚关键层组的周期垮落　　　　　　（f）巨厚岩层完全垮落

图 3-9　工作面 2 开挖覆岩运动状态

定性较好,没有发生层裂等渐进式破坏,顶板第一分层垮落不受影响。然而第二分层却没有继续发展,说明边界支撑条件的改变使顶板中应力发生改变,从而改变了破断方式。顶板第一分层垮落见如图3-9(b)。

（5）顶板第二分层与上覆粉砂岩复合破断。采空区残留边界即"F"结构的短臂直接作为顶板的一部分参与垮断，小煤柱坍塌破坏，采空区一侧破断长度大于实体煤煤壁一端。边界"F"臂旋转方向为工作面，与上节模拟情况不同，对本工作面的危害更大，极易诱发冲击矿压。由于边界顶板成为工作面顶板的一部分，加之煤柱的破坏，巨厚岩层下部的离层量更大，本工作面离层高度大于采空区中离层高度，这对于本工作面而言是不利的。顶板岩层复合破断失稳见图3-9(c)。

（6）巨厚关键层分层垮落。同样，巨厚关键层也并非一次性垮落，而是分层垮落，分层位置为岩层中部，这与均匀厚板（梁）中剪应力分布是对应的。由于巨厚关键层下方离层空间偏向工作面，因此，分层垮落岩块倾向工作面一侧，导致工作面煤壁上方拱脚的破坏，平衡结构保持困难。同时，由于下位亚关键层的支点作用，偏向采空区后方分割成两块。巨厚岩层分层垮落见图3-9(d)。

（7）亚关键层组的周期垮落。巨厚关键层下方仍然以成组的整体复合破断发展，而不是一大一小破断，整体式的垮落增大了工作面的来压与冲击强度。亚关键层组的周期垮落见图3-9(e)。

（8）巨厚关键层的完全垮落。悬露面积的加大最终导致关键层第二分层的垮落，垮落过程扰动很大，模型表面出现剥离。第一分层在其下沉压迫作用下垮落。第二分层组间水平错动显著，中部有竖向拉裂纹贯穿，并且超前工作面上方出现了裂纹直至第一分层，可以判断随着主关键层的周期破断，下位岩层一次性垮落岩层将更多，工作面的矿压显现也将加剧。巨厚岩层完全垮落见图3-9(f)。

3.5 小结

通过平面应力相似材料模拟研究了工作面"OX—F—T"空间结构演化过程中覆岩运动破断与运动规律，主要结论如下：

（1）"OX"型空间结构工作面，当覆岩中存在关键层时，以关键层为基础，顶板岩层成组破断，层间有明显的水平滑移错动与离层，可见厚度较大的一组岩层协同破断虽然以中部与端部的拉裂为主，但是水平剪切力不能忽视，尤其是层与层之间存在弱面时，将沿弱面发生剪切破坏。破断能够发展的最大高度取决于煤层采高、工作面开采尺度、顶板岩层的碎胀性与关键层的物理力学属性，由于关键层的承载能力强，因此对覆岩顶板断裂的连续发展起到了隔离作用。

（2）高位亚关键层的破断与下沉运动会造成下位平衡结构、基本顶以及直接顶悬顶的压迫式破断,导致基本顶的提前断裂,并且沿煤壁切落,同时工作面前方顶板出现大量竖向裂纹。这种情况下,由于一次参与的岩层范围大,并且存在着完整岩层的破断、"砌体梁"结构的失稳、基本顶与直接顶悬顶的断裂,以及规则垮落带岩块压裂等多种破断的复合,对工作面与前方煤壁影响较大,易造成片帮与冲击矿压的发生。

(3)当主关键层下方岩层厚度较大时,由于岩层的碎胀性,主关键层下部的离层量明显小于亚关键层,主关键层的破断与下沉速度以及对下位岩层的影响小于亚关键层。

(4)"OX"型空间结构工作面开采完毕后,由边界的砌体结构形成了"F"结构工作面的"F"臂,受煤壁支撑角的影响,由下到上"F"臂长度越来越大。

(5)"F"型空间结构工作面开采过程中,首先发生失稳的是"F"臂,煤柱的破坏导致"F"臂支撑拱脚破坏,采空区中基本顶首先垮落,其上部亚关键层边界岩块中的竖向裂纹开始张开扩大并向采空区旋转。随着工作面的推进,本工作面直接顶断裂,并伴随采空区覆岩的下沉,"F"型空间结构工作面直接顶来压步距仅为"OX"型结构工作面的一半。当煤柱破坏进一步加大后,"F"型空间结构工作面顶板已经与"OX"采空区覆岩贯通,基本顶以及上覆各亚关键层断裂下沉时,都会对采空区中关键层"砌体梁"结构造成扰动,并出现下沉。这种影响,随着"OX"采空区中主关键层的稳定而停止。

(6)孤岛工作面开采过程对相邻未充分采动的采空区影响较大,即长臂"T"型空间结构工作面"T"臂的活动更为频繁,协同运动效应更为明显。孤岛工作面亚关键层开始出现离层后,离层裂隙即直接与采空区中裂隙贯通,形成了横跨两个工作面的大结构,由于跨度大,孤岛工作面覆岩断裂发展较快,开挖 50 m 时裂纹即发展到顶部。孤岛工作面开采时,上覆岩层活动范围大是造成孤岛工作面支承压力高、冲击矿压频发的重要原因。孤岛工作面开采至后期剩余 30 m (这种情况对应现场为四边采空区)时,发生整体式破坏,30 m 煤柱被整体压坏,覆岩整体下沉,本工作面与相邻采空区中"砌体梁"结构也全部被摧毁,这主要是孤岛煤柱两侧主关键层贯通,形成主关键层来压。

(7)当工作面上方存在巨厚主关键层时,由于其强度高、厚度大,"OX"型空间结构工作面开采后,可以保持稳定,因此巨厚主关键层下,"OX"结构为半空间结构,而相邻的"F"结构为长臂"F"结构。

(8)当煤体坚硬,"F"型空间结构工作面开采初期,煤柱能够保持完整与稳定,则极易出现"F"臂与"F"体形成一个整体的复合破断模式,使"F"臂直接向工作面旋转,导致了煤柱的坍塌破坏,两采空区完全贯通,离层量也相应地增大,并且工作面上方离层量大于"OX"采空区一侧离层量,这种情况下危险性极大。

（9）巨厚主关键层并非一次性整体破断，而是呈分层垮落模式。分层的位置为主关键层的中部，当达到极限跨距后，发生破断，由于工作面上方的离层量大，破断后形成的平衡结构向工作面倾斜，易导致前拱脚的破坏，造成顶板覆岩沿煤壁切落。随着开采进行，巨厚关键层的第二分层垮落，层间也出现了厚度基本相等的离层与错动，主关键层的垮落影响范围大、扰动强。

4　煤矿覆岩"OX—F—T"空间结构应力演化规律

4.1　引言

采煤工作面处于不同的覆岩结构状态时,由于边界条件的不同,煤岩体中应力分布状态差异明显。应力分布规律与特征是造成不同覆岩结构矿压显现差异的最重要原因,相似材料模拟只能得出有限条件下煤层支承压力分布状态,无法系统详细地研究随着开采进行三维空间煤层与覆岩中应力动态演化规律。因此,本章将利用三维数值模拟,对工作面"OX—F—T"空间结构演化过程中煤层应力分布规律进行研究。

4.2　数值模拟软件的选择

根据研究问题的不同,可以选择有限元、边界元、离散元、差分法等数值计算方法。目前应用最为广泛、模拟结果最被学者认可的当属美国 Itasca 公司开发的系列模拟软件。其中,基于快速拉格朗日算法的显式有限差分软件 FLAC2D/3D 特别适用于地质与岩土材料力学行为的模拟。本次模拟需要研究工作面三维应力分布规律,因此,选用 FLAC3D 进行建模研究。

连续介质快速拉格朗日差分法(Fast Lagrange Analysis of Continua, FLAC)的运行原理为有限差分法,与有限元程序不同,有限差分不需要将单元矩阵组合成大型整体刚度矩阵,而是相对高效地在每个计算步重新生成有限差分方程,这样可以有效地节约计算机内存,减少运算时间,提高运算速度。FLAC 为显式运算程序,相对来说更直接,可以直接计算结果而不需要解联立方程。在计算过程中,FLAC 允许进行中断、保存、修改参数、继续计算等操作。FLAC 能较好地模拟地质材料在达到强度极限或屈服极限时发生的破坏或塑性流动,特别适用于模拟大变形。FLAC 设有多种本构模型,另外,程序还设有界面单元,可以模拟断层、节理和摩擦边界的滑动、张开和闭合等[158]。

4.3　三维模型设计

4.3.1　模型基本参数

本次模拟将重点研究单一工作面、一侧采空工作面与两侧采空孤岛工作面应力演化过程,为了进行对比,建立一个统一模型。模型尺寸为 800 m×500 m×107 m,高度方向其余 400 m 以等效载荷代替覆岩重量,如图 4-1 所示。各岩层均划分为六面体网格单元,模型单元个数共 94 000,节点个数为 112 617。

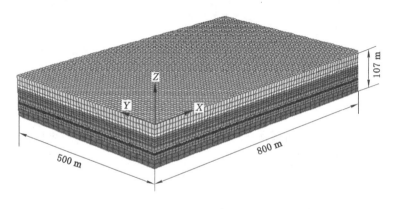

图 4-1　三维数值模型图

模型采用莫尔-库仑强度准则,即:

$$f_s = \sigma_1 - \sigma_3 \frac{1+\sin\varphi}{1-\sin\varphi} + 2C\sqrt{\frac{1+\sin\varphi}{1-\sin\varphi}} \tag{4-1}$$

其中　σ_1, σ_3——分别为最大、最小主应力;

　　　φ——岩体的内摩擦角;

　　　C——黏聚力。

当 $f_s < 0$ 时,岩体将发生剪切破坏。同时,鉴于煤岩体许多情况下属于拉破坏,通过设定抗拉强度,当单元超过抗拉极限时,产生拉破坏。

模型的边界条件为:前后($Y=0$、500)与左右($X=0$、800)为简支,模型底部($Z=0$)为固支,模型顶部($Z=107$)施加均布载荷。

各岩层的属性,根据矿井地质报告以及实验室测试结果,小于 1 m 的岩层合并到相邻层,如表 4-1 所列。各岩层之间利用 FLAC3D 中提供的 Interface 命令模拟节理,允许岩层之间发生错动与离层。

表 4-1　数值模型岩层力学属性

岩层层序	岩性	厚度 /m	密度 /(kg/m³)	剪切模量 /GPa	体积模量 /GPa	黏聚力 /MPa	内摩擦角 /(°)
1	底板砂岩	20.0	2 783	28.4	46.0	8.42	40
2	底板细砂岩、泥岩	12.0	2 600	11.0	16.9	4.30	35
3	5 煤	6.0	1 370	1.5	3.3	1.04	30
4	碳质泥岩	2.0	2 540	2.4	3.8	1.53	35
5	泥岩	4.0	2 570	2.4	3.8	1.53	35
6	粗砂岩	8.0	2 653	13.1	28.3	2.92	37
7	3 煤	1.5	1 340	1.5	3.3	1.00	32
8	泥岩、砂岩互层	5.0	2 600	4.8	8.0	2.30	34
9	细砂岩	12.0	2 673	13.0	28.0	4.52	37
10	砂岩、砂页岩	5.0	2 610	6.5	9.5	2.30	38
11	砂质泥岩	6.5	2 530	3.9	6.8	2.60	41
12	中细砂岩	25.0	2 773	28.0	46.0	5.93	43

4.3.2　模拟方案设计

4.3.2.1　模拟内容

在地质条件一定的情况下,支承压力峰值以及影响范围与覆岩破坏的高度有关。由第 2 章分析可知,对于"OX""F""T"型空间结构工作面,根据其所处的不同采动程度,又可以细分为不同的类别。目前国内长壁采煤工作面在推进方向上一般都能达到充分采动的极限跨距,因此,影响工作面采动程度的因素主要是工作面宽度。对于两侧实体煤的单一工作面,模拟工作面宽度分别为50 m、75 m、100 m、125 m、150 m、175 m、200 m。对于一侧采空区的两工作面,分为两种情况,即采空区非充分采动与充分采动,工作面宽度为 50 m、100 m、150 m、200 m。对于两侧采空的孤岛工作面,分为三种情况:一侧充分采动,一侧非充分采动;两侧均充分采动;两侧均非充分采动。模拟内容与方案如表 4-2所列。

表 4-2　模拟内容与方案

方案	两侧采空区状态	工作面宽度/m
"OX"型空间结构工作面	实体煤	50、75、100、125、150、175、200
"F"型空间结构工作面	一侧非充分采动	50、100、150、200
	一侧充分采动	50、100、150、200

表 4-2(续)

方案	两侧采空区状态	工作面宽度/m
"T"型空间结构工作面	一侧非充分采动,一侧充分采动	50、100、150、200
	两侧充分采动	50、100、150、200
	两侧非充分采动	50、100、150、200

4.3.2.2 模拟步骤

(1)"OX"型空间结构工作面应力模拟。建立三维模型,初始化原岩应力场至平衡,在 $X=100$ m 处开挖第一个工作面,工作面宽度为 50 m,推进距离为 400 m。

(2)在初始模型的基础上,变化工作面宽度,分别模拟工作面宽度 75 m、100 m、125 m、150 m、175 m、200 m,推进长度为 400 m。

(3)"F"型空间结构工作面应力模拟。在初始模型基础上,在 $X=0$ 处开挖宽度为 300 m 工作面,使工作面覆岩达到充分采动阶段,作为第二个工作面的边界条件。然后开挖工作面两平巷,沿空巷道距离采空区 5 m,计算平衡后分步开挖工作面,分别模拟工作面宽度 50 m、100 m、150 m、200 m,推进距离为 400 m。

(4)以 50 m 宽度单一工作面模拟结果为基础,此时工作面覆岩处于非充分采动阶段,作为第二个工作面的边界条件。模拟过程与步骤(3)相同。

(5)"T"型空间结构工作面应力模拟。与"F"结构的两工作面类似,孤岛工作面两侧边界采空区非充分采动阶段为工作面宽度 50 m,充分采动阶段为工作面宽度 300 m。根据表 4-2 中所列出的 12 种情况进行模拟,模拟过程与步骤(3)相同。

4.3.2.3 研究目的

通过数值模拟分析不同开采条件下(开采范围与尺度)工作面支承压力分布与顶板运动规律,揭示工作面处于不同覆岩状态与边界条件下应力分布的差异,为研究冲击矿压的发生机理与规律打下基础。

4.4 "OX"型空间结构工作面应力分布规律

4.4.1 "OX"覆岩空间结构煤层应力演化规律

根据第 2 章的分析可知,"OX"型空间结构工作面主要分为半空间"OX"覆岩空间结构和全空间"OX"覆岩空间结构,形成不同形态"OX"覆岩空间结构主要取决于开采范围的大小与覆岩关键层的力学性质,即工作面采动程度。根据顶板破断的板理论[61],"OX"破坏又可以分为三种:① 初次破断步距 a 小于工作面宽度 b 时的竖"OX"破断;② $a＝b$ 时的正"OX"破断;③ $a＞b$ 时的横"OX"破断。不同的破断模式,工作面应力分布差别较大。当顶板岩性物理力学性质一定时,工作面的宽度即是控制顶板破断形式的主要因素。因此,对于"OX"型空间结构工作面应力分布规律的模拟,我们主要考虑工作面宽度变化对其的影响。按照表 4-2 的模拟方案,依次进行。经过模拟,我们发现:相同的地质条件下,工作面宽度为 50 m 时,为半空间横"OX"覆岩空间结构;工作面宽度为 100 m 时,为半空间正"OX"覆岩空间结构;工作面宽度达到 200 m 时,为全空间竖"OX"覆岩空间结构。因此,以这三个宽度的工作面为代表,分析处于"OX"型空间结构的工作面应力分布规律。

4.4.1.1 半空间横"OX"覆岩空间结构

工作面宽度为 50 m。采用分步开挖的方式,开挖步距为 25 m,至 200 m后,以 50 m 的开挖步距开挖至 300 m,然后直接开挖至 400 m。每次开挖均运算至平衡。如图 4-2(a)、(b)所示分别为开挖至 50 m 与 200 m 时煤层垂直应力分布图,单位为 Pa。

由图 4-2 可以看出,煤层工作面推进后,煤层中应力重分布,在采场周围形成特征明显的不同区域:

(1)在其前方区域形成双峰态移动应力区,此区域内又具有应力降低区、应力增高区与原岩应力区,其形态与规模取决于原岩应力与煤体力学性质。应力降低区对应煤壁边缘的破碎与塑性变形区,宽度为 5～10 m;应力增高区即支承压力区,因煤壁的变形破坏,应力向深部转移而形成,位于煤壁前方5～50 m范围内,工作面中部应力峰值在 5～10 m 处,大小为 15.3 MPa,应力集中系数为 1.3。工作面两端由于两巷支承压力的叠加作用,集中程度明显高于中部,形成了双峰特征,集中系数为 1.8。

(2)后方煤柱中应力形成形态固定、峰值波动的侧向应力区。此区域的分布规律与移动应力区类似,应力峰值由小变大至稳定,将长期存在于煤层中,成为侧向残余支承区。

(3)采空区中的应力降低区。此区域实际上是垮落带顶板内部的应力,随着时间的推移,理论上采空区中应力会恢复至原岩应力。由于工作面宽度较短,工作面基本顶以及各关键层强度大,顶板覆岩的运动与下沉不充分,导致采空区中应力尚未恢复至原岩应力。

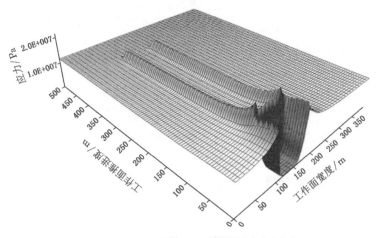

（a）开挖 50 m 时煤层垂直应力分布

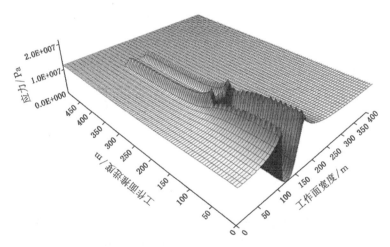

（b）开挖 200 m 时煤层垂直应力分布

图 4-2　半空间横"OX"覆岩空间结构工作面宽度为 50 m 时不同阶段煤层垂直应力分布

　　图 4-3 为沿工作面中部不同开挖距离煤层垂直应力分布曲线。由图可以看出，工作面推进过程中，前方支承压力总体上变化不大，峰值也较小。推进至 100 m 时，前方支承压力达到最大值，此时为顶板初次来压阶段，随后每隔 50 m，压力增大，为顶板的周期来压。由于工作面宽度为 50 m，而初次来压步距为 100 m，因此，基本顶的断裂形式为横"O-X"破断。这从不同位置倾向支承压力的分布也能反映出来。

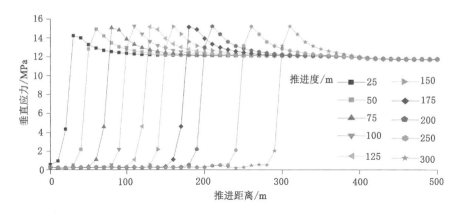

图 4-3　半空间横"OX"覆岩空间结构沿工作面中部不同开挖距离煤层垂直应力分布曲线

　　如图 4-4 所示,倾向的侧向支承压力明显高于工作面推进方向的超前支承压力,侧向支承压力最大达到 21.1 MPa,位置在工作面后方 150 m,距切眼 50 m处,基本顶初次来压长边破断中部,应力集中系数达到 1.8。同时,侧向支承压力峰值以及影响范围也明显高于工作面前方。随着向工作面的靠近,垂直应力峰值降低,受侧向支承压力的作用,工作面两端头的应力集中程度大幅度上升,呈双峰分布,形态与大煤柱类似。

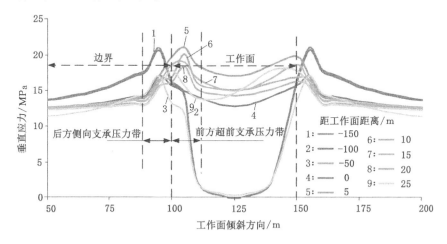

图 4-4　半空间横"OX"覆岩空间结构工作面推进 200 m 时不同位置侧向垂直压力分布

4.4.1.2　半空间正"OX"覆岩空间结构

　　当基本顶的来压步距与工作面宽度相等或相近时,基本顶的断裂方式为正

"OX"破断。经过分析比较各模拟方案,当工作面宽度为 100 m 时,基本顶初次来压,因此属于正"OX"破断。图 4-5(a)、(b)分别为开挖至 50 m 与 200 m 时煤层垂直应力分布图。

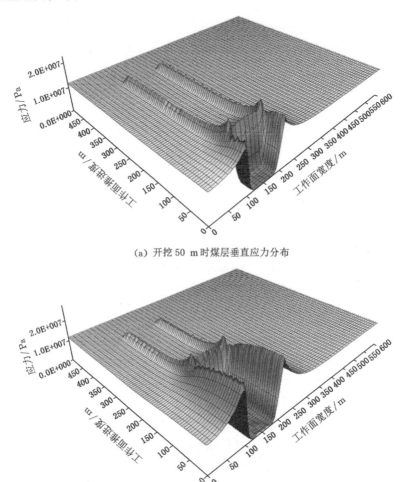

(a) 开挖 50 m 时煤层垂直应力分布

(b) 开挖 200 m 时煤层垂直应力分布

图 4-5 半空间正"OX"覆岩空间结构工作面宽度为 100 m 时不同阶段煤层垂直应力分布

从图 4-5 中可以看出,工作面宽度为 100 m 时,煤层中应力分布总体规律与工作面宽度为 50 m 时类似,也分为马鞍状移动超前支承压力区、采空区侧向鲫背状残余固定支承压力区,以及工作面后方采空区中的应力降低与恢复区。但相比 50 m 宽度工作面,由于工作面宽度的增大,顶板下沉变形增加,导致煤层中支承压力峰值显著升高,影响范围也相应增大。另外,工作面两端头与工作面中部应力集中差别逐步缩小,可见由顶板变形引起的应力工作面中部高于工作面两端,这与薄板理论是一致的。

图 4-6 为沿工作面中部不同开挖距离煤层垂直应力分布曲线。由图可以看出,随着工作面宽度的增大,煤层中应力整体上升,在顶板初次来压之前,上升较快,上升幅度大,从 18.5 MPa 达到 25.0 MPa,应力集中系数为 2.1。相比 50 m 宽度工作面,应力上升得更加突然,增加幅度更大,即应力梯度大,因此,容易造成工作面的来压与动力显现。同时,根据砌体梁理论,顶板处于正"O-X"破断来压时,很难形成平衡结构,大块顶板的滑移与垮落动载高于其他形式的来压。

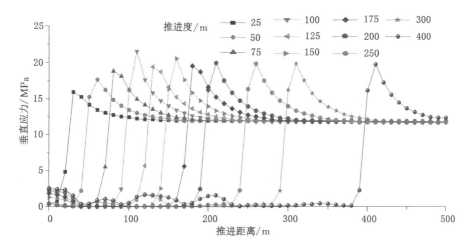

图 4-6 半空间正"OX"覆岩空间结构沿工作面中部不同开挖距离煤层垂直应力分布曲线

4.4.1.3 全空间竖"OX"覆岩空间结构

当工作面的宽度继续扩大,顶板将很难出现横或正"OX"破断,即工作面宽度较大时,基本顶将呈现竖"OX"破断。模拟工作面宽度为 200 m,开挖方式与之前相同。图 4-7 为工作面推进至 50 m 与 200 m 时煤层垂直应力分布图。

由图 4-7 可以看出,相比 100 m 宽度工作面,煤层垂直应力整体升高。侧向影响范围达到了 150 m,前方支承压力也达到 100 m 后才恢复至原岩应力。工作面宽度为 200 m 时煤层中支承压力峰值为 32 MPa,应力集中系数为 2.7。工作面中部应力值进一步上升,推进至 125 m 时已经高出两端头,成为"反马鞍状"。因此,对于宽度较长的工作面而言,中部支架压力更大。

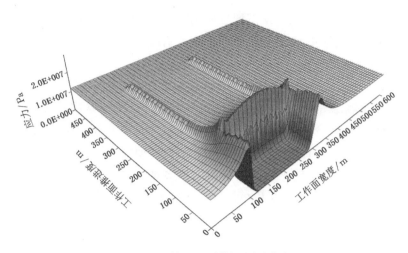

（a）开挖 50 m 时煤层垂直应力分布

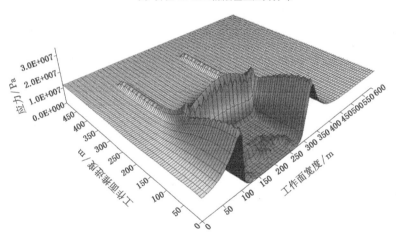

（b）开挖 200 m 时煤层垂直应力分布

图 4-7　全空间竖"OX"覆岩空间结构工作面宽度为 200 m 时不同阶段煤层垂直应力分布

　　图 4-8 为沿工作面中部不同开挖距离煤层垂直应力分布曲线。工作面推进至 75 m 以前，应力上升较快，此阶段对应基本顶的加速变形与下沉；到达 75 m 时，应力为 28.7 MPa，超过了工作面宽度为 125 m 时煤层最大垂直应力值，然后开始下降。由此可以认为，此时为初次来压阶段，即初次来压步距为 75 m，工作面宽度的增大，使基本顶的来压步距减小。

　　随着工作面推进，覆岩运动继续向上发展，第一亚关键层开始加速下沉，第一亚关键层距离煤层较近，对工作面煤层中应力影响较大，因此，到达 125 m 时

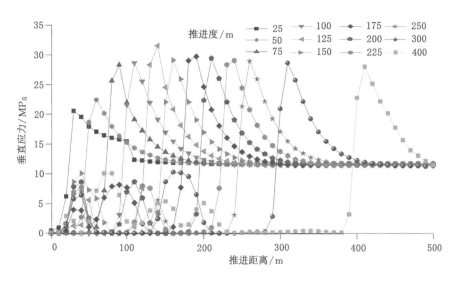

图 4-8　全空间竖"OX"覆岩空间结构沿工作面中部不同开挖距离煤层垂直应力分布曲线

煤层垂直应力达到最大值,此阶段为第一亚关键层的初次来压,并且会压迫下位各岩层下沉。此后,工作面将进入以第一亚关键层运动为周期的循环来压,由于第一亚关键层的参与,基本顶后续周期来压期间煤层垂直应力与基本顶初次来压时比较变化不大。第二亚关键层与主关键层则因为距离工作面较远,对煤壁前方支承压力影响并不显著。

随着开采范围的增大,当工作面推进至 200 m 时,采空区中部分区域顶板垮落充分压实,应力升高至原岩应力,由于顶板岩层的变形挠度不均匀,导致采空区顶板中应力呈现波形,最大应力为 10 MPa,波动周期为 50 m。

4.4.2　不同"OX"覆岩空间结构应力演化规律

由上述分析可以看出,工作面宽度不同,顶板的破断形式、所形成的结构以及煤层中应力分布与来压规律也不相同。总体趋势上,随工作面宽度的增大,煤层支承压力呈上升趋势,如图 4-9 所示。当工作面处于半空间横"OX"覆岩空间结构和半空间正"OX"覆岩空间结构时,工作面仅来压一次,即会进入周期来压阶段;当工作面处于全空间竖"OX"覆岩空间结构时,由于上覆亚关键层破断,工作面会经历两次初次来压,然后进入亚关键层控制的周期来压,下方岩层在亚关键层的作用下处于受迫运动状态。随着工作面宽度的增大,基本顶的初次来压步距减小,因此,不同工作面宽度在推进距离相同的情况下,多数情况来压状态并不相同,对应图 4-9 中即波峰对波谷的现象。

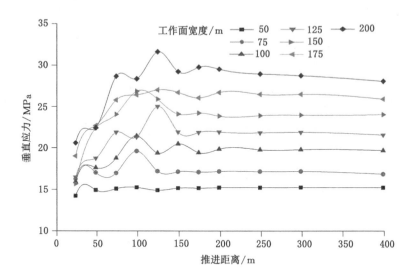

图 4-9 不同工作面宽度推进过程中煤层最大垂直应力分布图

图 4-10 为不同工作面宽度煤层最大垂直应力分布图,由图可以看出,随着工作面宽度的增大,最大垂直应力线性增大,拟合公式为:

$$\sigma_{bmax} = 0.987L + 11.5 \tag{4-2}$$

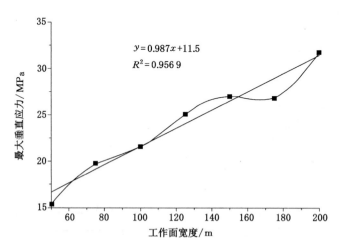

图 4-10 不同工作面宽度煤层最大垂直应力分布图

式(4-2)中的截距为垂直方向原岩应力,因此,式(4-2)可以更普遍的形式表示为:

$$\sigma_{bmax} = aL + \sigma_{z0} \tag{4-3}$$

式中 σ_{bmax}——煤层中最大垂直应力,MPa;

        L——工作面宽度,m;

        σ_{z0}——垂直方向原岩应力,MPa;

        a——拟合系数。

4.5 "F"型空间结构工作面应力分布规律

根据第2章分析可知,采区内首采工作面后,顺序开采,且工作面与采空区之间的煤柱宽度满足覆岩空间结构形成判据,则形成"F"型空间结构工作面,即一侧采空,一侧实体。相邻采空区破断后在边界形成的"F"结构不但影响工作面应力分布,而且在工作面回采过程中受采动影响,易发生二次破断与失稳,造成采空区中震动频发,对采煤工作面安全生产与巷道维护带来很大困难。根据覆岩关键层的状态,"F"结构可以细分为长臂"F"覆岩空间结构与短臂"F"覆岩空间结构两类。

4.5.1 长臂"F"覆岩空间结构

对于长臂"F"覆岩空间结构,我们利用工作面宽度为 50 m 的"OX"型空间结构工作面作为边界条件,按照表 4-2 所示的模拟方案,依次改变工作面宽度,重点研究煤层中垂直应力分布规律。图 4-11 为工作面宽度为 50 m、100 m、150 m、200 m,工作面推进至 150 m 时煤层最大垂直应力分布图;图 4-12 为工作面宽度为 200 m,推进至 125 m 时沿倾向煤层应力分布图。

由图 4-11 和图 4-12 可以看出,"F"型空间结构工作面受临边采空区影响,各宽度工作面相比"OX"结构均升高,工作面周围应力分布呈非对称分布,由采空侧向实体煤一侧倾斜。采空区一侧煤体应力显著大于工作面中部,超出幅度达 2 倍以上,远远超过 50 m 工作面侧向支承压力与工作面前方移动支承压力的线性叠加,因此,"OX"结构向"F"结构演化后,煤体所受静载非线性增长,高应力位于工作面端头与前方巷道,动力扰动作用下,发生冲击的概率要高于"OX"型空间结构工作面。

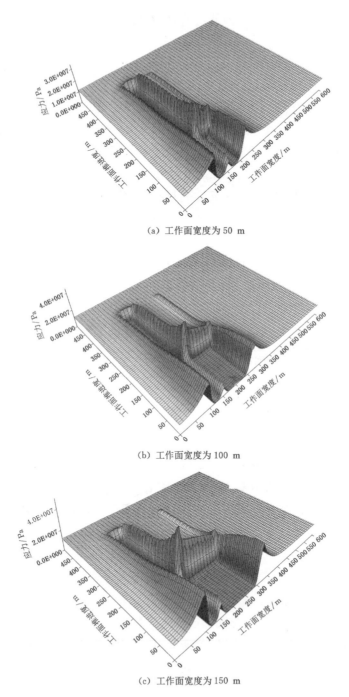

（a）工作面宽度为 50 m

（b）工作面宽度为 100 m

（c）工作面宽度为 150 m

图 4-11　不同宽度长臂"F"覆岩空间结构工作面推进 150 m 时煤层最大垂直应力分布图

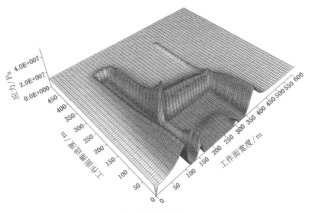

(d) 工作面宽度为 200 m

图 4-11(续)

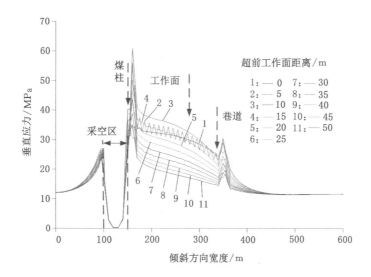

图 4-12 长臂"F"覆岩空间结构工作面宽度为 200 m，推进至 125 m 时
沿倾向煤层应力分布图

图 4-13 为工作面宽度为 200 m 不同推进阶段煤层应力分布图。对比"OX"结构 200 m 宽度工作面主要有以下不同点：

（1）应力最大值均发生在推进至 125 m 时，但峰值升高了 5 MPa。

（2）"F"型空间结构工作面初次来压步距降低，为 50 m，而"OX"型空间结

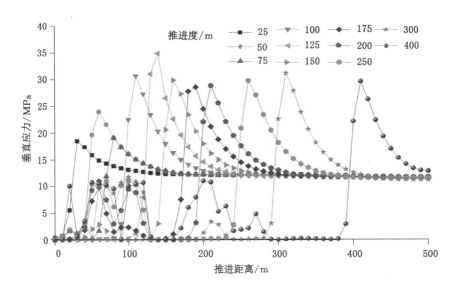

图 4-13　长臂"F"覆岩空间结构工作面宽度为 200 m 时不同推进阶段煤层应力分布图

构工作面达到了 75 m,主要是因为基本顶边界条件从四边固支转变为三边固支一边简支。

（3）"F"型空间结构工作面存在多次来压,应力升降显著,分别对应各亚关键层的破断运动。"OX"型空间结构工作面仅存在两次较大的来压。

造成以上不同的原因为:工作面处于长臂"F"覆岩空间结构,相邻采空区处于不充分采动阶段,当工作面推进步距达到一定尺度后,组成长臂的关键层开始协同运动,由均匀缓慢下沉变成分层破断来压,导致来压次数增多,强度加大。因此,对于长臂"F"覆岩空间结构工作面,各关键层来压期间冲击危险最大。

4.5.2　短臂"F"覆岩空间结构

短臂结构工作面一侧采空区上覆岩层中各关键层已经断裂,采空区处于充分采动状态。由 4.4.2 节的模拟可知,当单一工作面宽度达到 200 m 后,工作面即进入全空间结构,地表形成明显的下沉盆地。因此,我们选择了开挖 300 m 宽度。如图 4-14 所示为工作面宽度为 50 m、100 m、150 m 以及 200 m,工作面推进至 150 m 时煤层最大垂直应力分布图。图 4-15 为工作面宽度为 200 m,推进至 125 m 时沿倾向煤层应力分布图。

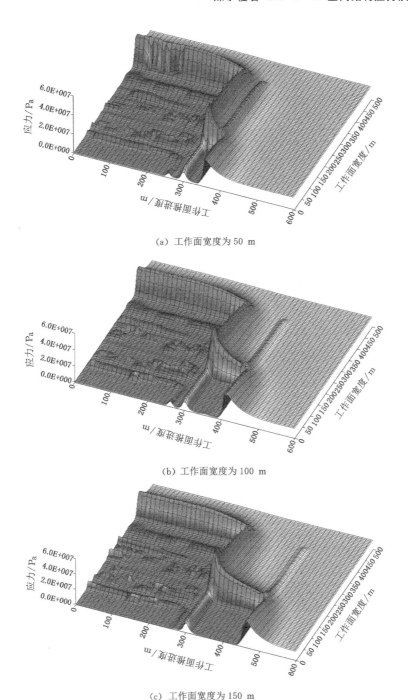

(a) 工作面宽度为 50 m

(b) 工作面宽度为 100 m

(c) 工作面宽度为 150 m

图 4-14 不同宽度短臂"F"覆岩空间结构工作面推进至 150 m 时煤层最大垂直应力分布图

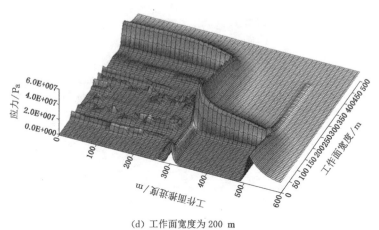

(d) 工作面宽度为 200 m

图 4-14(续)

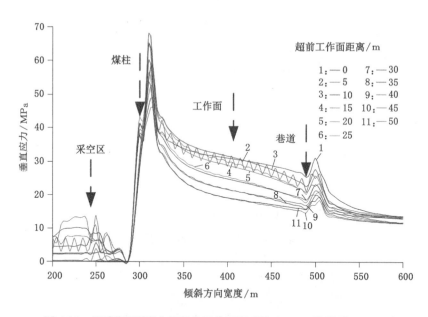

图 4-15　短臂"F"覆岩空间结构工作面宽度为 200 m，推进至 125 m 时
沿倾向煤层应力分布图

由图 4-14 和图 4-15 可以看出，短臂"F"覆岩空间结构相比长臂"F"覆岩空间结构，采空区一侧的应力集中程度更高，达到了 65 MPa，沿空侧工作面一直处于高应力带中。工作面中部应力则比长臂"F"覆岩空间结构要小，表明短臂"F"

覆岩空间结构由于各关键层已经破断运动,侧向影响范围小,"F"型空间结构支撑点位于工作面边缘处,而长臂"F"覆岩空间结构的支撑点则深入工作面内部,影响范围大。

图 4-16 为工作面宽度为 200 m 不同推进阶段煤层应力分布图。对比长臂"F"覆岩空间结构,短臂"F"覆岩空间结构最大应力值出现在推进至 100 m 处,峰值应力为 30 MPa,均小于长臂"F"覆岩空间结构,说明短臂"F"覆岩空间结构来压强度相对较小。同时,工作面推进度超过 100 m 后,煤层应力变化平稳,剧烈程度小于长臂"F"覆岩空间结构。

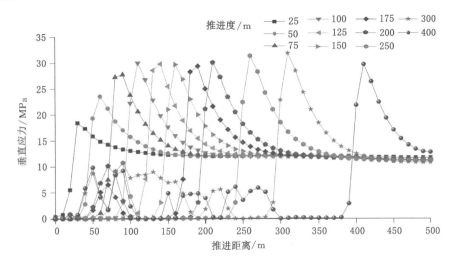

图 4-16　短臂"F"覆岩空间结构工作面宽度为 200 m 时不同推进阶段煤层应力分布图

4.5.3　不同"F"覆岩空间结构应力演化规律

由上述分析可以看出,"F"型空间结构工作面受侧向"F"臂的影响,工作面应力呈非对称分布,采空区侧向支承压力不但影响工作面应力分布,同时也影响顶板覆岩的来压方式与强度。长臂和短臂"F"覆岩空间结构工作面由于侧向支承压力的不同,其规律也不相同,作为"F"臂的临空侧端头与作为"F"体的工作面中部同样存在差异。如图 4-17 所示为不同工作面宽度推进过程中最大支承压力变化曲线。图 4-17(a)为临空端头最大应力变化曲线,可以看出,短臂"F"覆岩空间结构应力整体高于长臂"F"覆岩空间结构,但其变化趋势是一致的,为开口向下的抛物线,极值点在工作面宽度 150 m 处。因此,随着工作面宽度的增大,超过 150 m 后,应力出现降低,这对于端头维护与防冲是有利的。

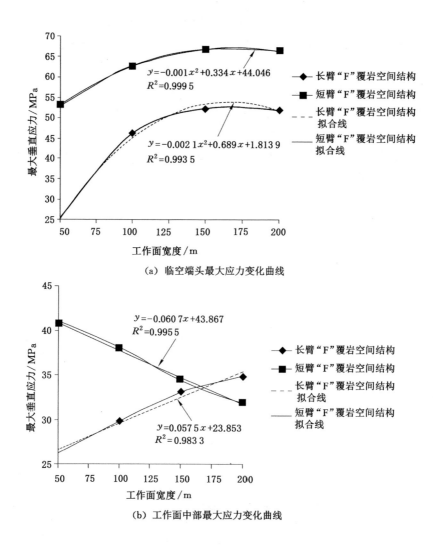

（a）临空端头最大应力变化曲线

（b）工作面中部最大应力变化曲线

图 4-17　不同工作面宽度对"F"覆岩空间结构工作面最大支承压力的影响

图 4-17（b）为工作面中部最大应力变化曲线，可以看出，中部与端部最大应力变化趋势明显不同。长臂"F"覆岩空间结构最大应力线性升高，而短臂"F"覆岩空间结构最大应力线性降低。工作面宽度小于 175 m 时，短臂"F"覆岩空间结构最大应力高于长臂"F"覆岩空间结构，随着工作面宽度的进一步增大，长臂"F"覆岩空间结构最大应力高于短臂"F"覆岩空间结构。

综上，对于短臂"F"覆岩空间结构工作面，加大工作面宽度超过极值点后，有利于整个工作面范围内支承压力的降低;对于长臂"F"覆岩空间结构工作面,加大工作面宽度后,"F"臂端头支承压力将降低,而中部支承压力将升高。

4.6 "T"型空间结构孤岛工作面应力分布规律

"T"型空间结构工作面俗称孤岛工作面,由于采掘接替与地质构造的原因,孤岛工作面越来越多。在三种空间结构中,"T"结构最复杂,运动范围最广,应力集中程度最高,因此,冲击矿压危险性最强。根据第 2 章的分类,"T"型空间结构工作面可分为对称长臂"T"覆岩空间结构、对称短臂"T"覆岩空间结构以及非对称"T"覆岩空间结构,分别对应着两侧采空区覆岩关键层均未断裂、全部断裂与一侧断裂一侧完整。由于覆岩边界状态的不同,其运动方式不同,引起工作面周围应力分布必然不同。

4.6.1 对称长臂"T"覆岩空间结构

为了与"F"结构对比,同样利用宽度为 50 m 的"OX"型空间结构工作面作为对称长臂"T"覆岩空间结构两侧边界条件,按照表 4-2 所示的模拟方案,依次改变工作面宽度,重点研究煤层中垂直应力分布规律。如图 4-18 所示为工作面宽度为 50~200 m,工作面推进至 150 m 时煤层最大垂直应力分布图。

从图 4-18 可以看出,对称长臂"T"覆岩空间结构煤层应力分布形态与"OX"型空间结构工作面类似,为对称马鞍状,也具有明显的应力增高、降低区域。与"OX"与"F"型空间结构工作面主要有以下不同点:

(1)受两侧采空区影响,端头应力显著高于工作面中部,如图 4-19 为工作面宽度为 200 m,推进至 125 m 时沿倾向的应力分布,可见端头应力峰值为中部的 1.5 倍,峰值在工作面前方 10 m。端头应力峰值与长臂"F"覆岩空间结构基本相等,因此在应力分布上,也可以将对称长臂"T"覆岩空间结构看成两个长臂"F"覆岩空间结构的组合。

(2)工作面前方一直存在采空区侧向支承影响带,此区域与巷道周边应力叠加,使前方巷道的应力剧增,如工作面前方 50 m 处,巷道周边应力为 35 MPa,高于采空区边界固定侧向支承压力峰值,这对于巷道防冲是不利的。

(3)工作面后方不存在侧向支承压力带。工作面与采空区之间只有 5 m 保护煤柱,在顶板压力作用下,进入塑性状态,失去了承载能力,工作面顶板将与两侧采空区顶板贯通,在一定条件下将产生协同运动与来压。

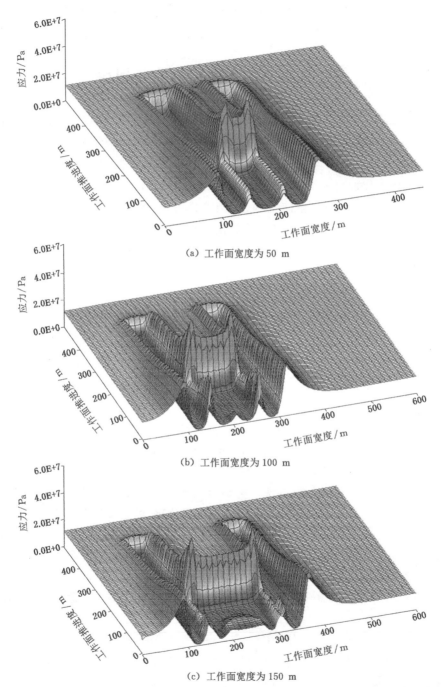

(a) 工作面宽度为 50 m

(b) 工作面宽度为 100 m

(c) 工作面宽度为 150 m

图 4-18　不同宽度对称长臂"T"覆岩空间结构工作面推进 150 m 时煤层最大垂直应力分布图

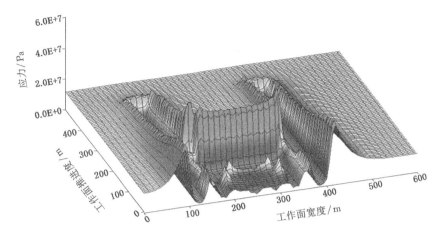

（d）工作面宽度为 200 m

图 4-18（续）

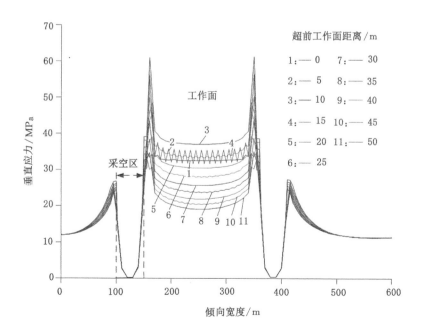

图 4-19 对称长臂"T"覆岩空间结构工作面宽度为 200 m，推进至 125 m 时
沿倾向煤层应力分布

图 4-20 为工作面宽度为 200 m 时沿工作面中部不同开采距离下煤层应力分布规律。由图可以看出,沿工作面中部工作面前方支承压力曲线与长臂"F"覆岩空间结构工作面趋势一致,由于两侧采空区覆岩关键层均尚未破断垮落,相同步距情况下,长臂"T"覆岩空间结构稍高于长臂"F"覆岩空间结构。

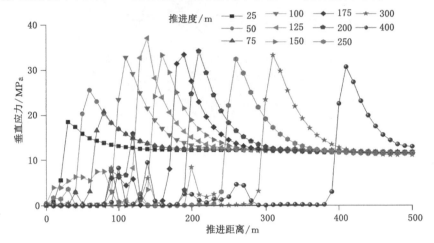

图 4-20　对称长臂"T"覆岩空间结构工作面宽度为 200 m 时工作面
中部不同推进阶段煤层应力分布

4.6.2　对称短臂"T"覆岩空间结构

对称短臂"T"覆岩空间结构工作面两侧采空区上覆岩层中各关键层已经断裂,采空区处于充分采动状态。工作面两侧开挖 300 m 宽度,使其进入充分采动阶段。图 4-21 为工作面宽度为 50～200 m 工作面推进至 150 m 时煤层应力分布图。图 4-22 为工作面宽度为 200 m,推进至 125 m 时沿倾向煤层应力分布图。从图 4-21 与图 4-22 中可以看出,对称短臂"T"覆岩空间结构工作面煤层应力分布形态与对称长臂"T"覆岩空间结构工作面类似,为对称马鞍状,但是两端应力集中程度进一步加大,最大值达到了 69 MPa,也更靠近煤壁,距离为 5 m。但工作面中部应力集中程度降低。

图 4-23 为工作面宽度为 200 m 不同推进阶段煤层应力分布图。对比对称长臂"T"覆岩空间结构,对称短臂"T"覆岩空间结构最大应力值出现在推进至 100 m 处,峰值应力为 31 MPa,说明对称短臂"T"覆岩空间结构来压步距与强度相对较小。同时,工作面推进度超过 100 m 后,煤层应力变化平稳,剧烈程度小于对称长臂"T"覆岩空间结构。

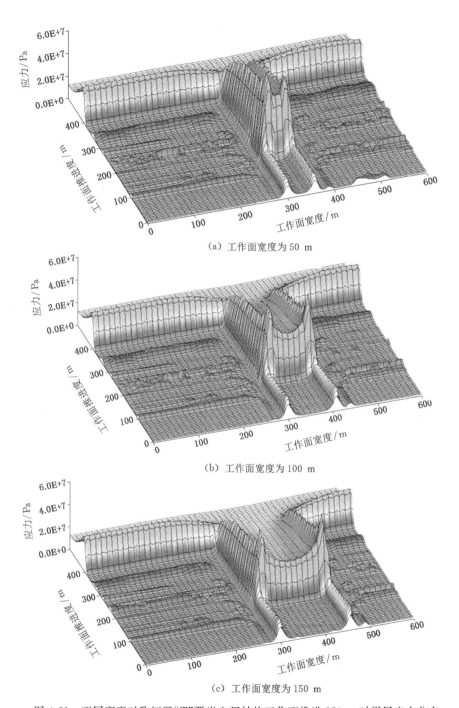

（a）工作面宽度为 50 m

（b）工作面宽度为 100 m

（c）工作面宽度为 150 m

图 4-21 不同宽度对称短臂"T"覆岩空间结构工作面推进 150 m 时煤层应力分布

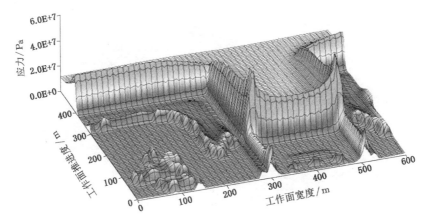

(d) 工作面宽度为 200 m

图 4-21(续)

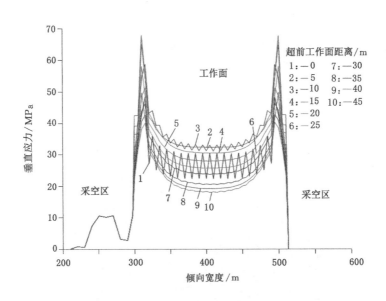

图 4-22　对称短臂"T"覆岩空间结构工作面宽度为 200 m,推进至 125 m
时沿倾向煤层应力分布

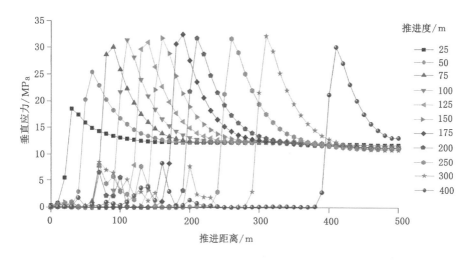

图 4-23 对称短臂"T"覆岩空间结构工作面宽度为 200 m 时不同推进阶段煤层应力分布

4.6.3 非对称"T"覆岩空间结构

非对称"T"覆岩空间结构工作面一侧采空区上覆岩层中各关键层已经断裂,而另一侧未断裂,即一侧长臂,一侧短臂。短臂侧采空区开挖 300 m 宽度,长臂侧采空区宽度为 50 m。图 4-24 为工作面宽度为 50 m、100 m、150 m 以及 200 m,工作面推进至 150 m 时煤层应力分布图。

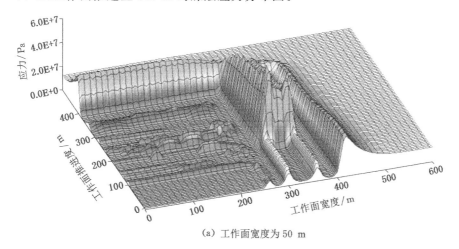

（a）工作面宽度为 50 m

图 4-24 不同宽度非对称"T"覆岩空间结构工作面推进 150 m 时煤层应力分布图

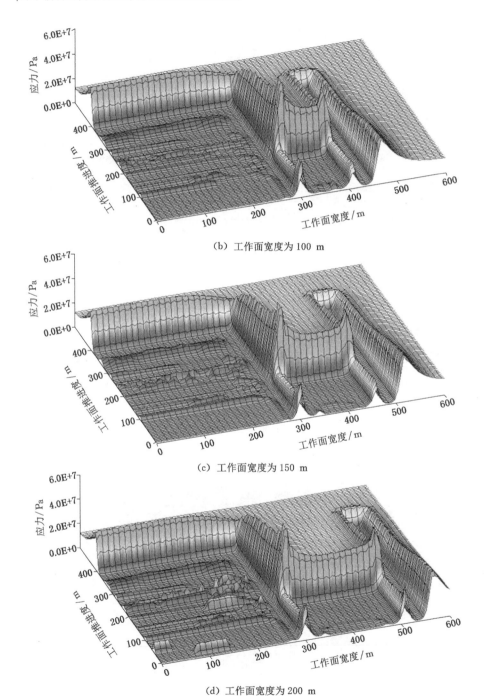

（b）工作面宽度为 100 m

（c）工作面宽度为 150 m

（d）工作面宽度为 200 m

图 4-24（续）

　　由非对称"T"覆岩空间结构的定义可以看出,其相当于长臂与短臂"F"覆岩空间结构的组合,但是这种组合只是形态上的组合,并不是应力上的叠加。非对称"T"覆岩空间结构工作面周围应力分布也呈非对称分布,由短臂端向长臂端倾斜。从图 4-25 和图 4-26 中可以看出,非对称"T"覆岩空间结构在短臂一端的应力值高于短臂"F"覆岩空间结构,与对称短臂"T"覆岩空间结构基本相等,而在另一侧长臂端,则小于长臂"F"与对称长臂"T"覆岩空间结构,这主要是由于对称长臂"T"覆岩空间结构工作面上方有尚未断裂的关键层,关键层横跨在工作面与采空区上方,导致了非对称"T"覆岩空间结构一侧与实体煤一侧应力均上升,而长臂一侧则处于关键层的保护带中,应力低于对称长臂"T"覆岩空间结构。

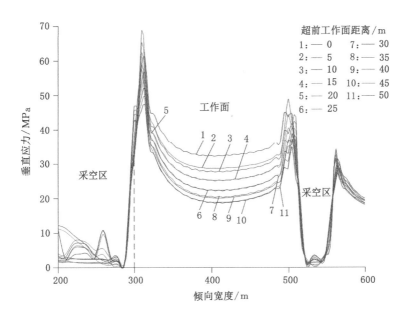

图 4-25　非对称"T"覆岩空间结构工作面宽度为 200 m,推进至 125 m
时沿倾向煤层应力分布

4.6.4　不同"T"覆岩空间结构应力演化

　　图 4-27 为不同工作面宽度对"T"覆岩空间结构工作面最大支承压力的影响。其中图 4-27(a)为临空侧端头区域最大应力变化曲线,对称短臂"T"覆岩空间结构应力整体高于非对称与对称长臂"T"覆岩空间结构。对称短臂"T"覆岩

煤矿覆岩空间结构型冲击矿压诱发机制研究

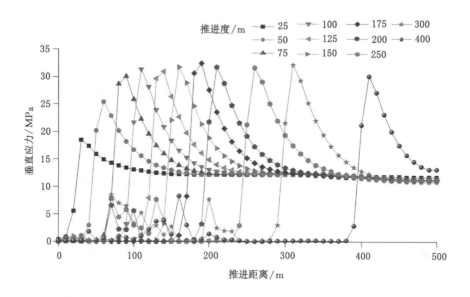

图 4-26　非对称"T"覆岩空间结构工作面宽度为 200 m 时不同推进阶段煤层应力分布

空间结构与非对称"T"覆岩空间结构整体趋势为：随工作面宽度加大，应力程度降低，这与"F"覆岩空间结构工作面的变化趋势是不同的。对于对称长臂"T"覆岩空间结构，其最大应力变化曲线为开口向下的抛物线，极值点在工作面宽度为125 m 处，相比"F"覆岩空间结构极值点对应的工作面宽度减小。同时，三类"T"覆岩空间结构均在工作面宽度大于 150 m 后应力降低加速，因此，当工作面布置导致孤岛难以避免时，也要尽量使工作面宽度超过 150 m。

　　图 4-27（b）为工作面中部最大应力变化曲线，可以看出同一类的"T"覆岩空间结构，中部与端部变化趋势类似。对称短臂与非对称"T"覆岩空间结构均随着工作面宽度增大而降低，但超过 100 m 后，降低速度变小，说明两侧采空区影响减弱，150 m 后基本稳定。对称长臂"T"覆岩空间结构随工作面宽度增大而先上升后下降，在工作面宽度超过 100 m 后，与对称短臂和非对称"T"覆岩空间结构变化趋势基本相同，数值稍大。

　　综上，对于孤岛"T"型空间结构工作面，不管处于何种"T"结构类型，增大工作面宽度对工作面端头与中部的应力降低均有作用，工作面宽度最好大于150 m。

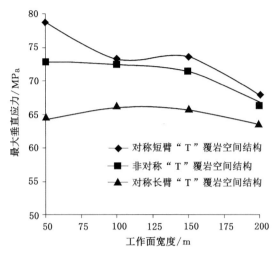

（a）临空侧端头区域最大应力变化曲线

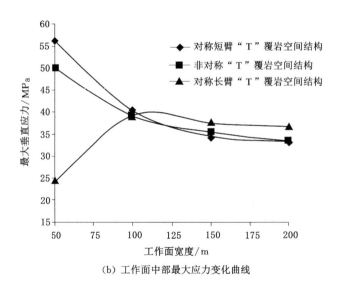

（b）工作面中部最大应力变化曲线

图 4-27　不同工作面宽度对"T"覆岩空间结构工作面最大支承压力的影响

4.7　"OX—F—T"覆岩空间结构应力演化规律

由以上分析，"OX—F—T"覆岩空间结构演化过程中，煤层中的静载应力场总体上不断升高。由图 4-16、图 4-23 和图 4-24 可以看出，不同覆岩空间结构最大静载应力场的变化规律为:对称短臂"T"结构＞非对称"T"结构＞短臂"F"结构＞对称长臂"T"结构＞长臂"F"结构＞"OX"结构。而关键层的来压次数与应力变化,则长臂结构大于短臂结构。工作面宽度对不同空间结构工作面应力分布影响不同:"OX"覆岩空间结构工作面支承压力随工作面宽度增大而线性增大;短臂"F"覆岩空间结构工作面,工作面宽度增大有利于整个工作面范围内支承压力的降低;长臂"F"覆岩空间结构工作面,工作面宽度增大后,端头支承压力将降低,中部支承压力将升高;"T"覆岩空间结构工作面,增大工作面宽度,对工作面端头与中部的应力均有降低作用。

4.8　小结

地质条件一定的情况下,工作面宽度控制着顶板覆岩破断程度与高度,即控制了工作面所处的覆岩空间结构状态,不同工作面宽度,煤层中应力分布差别较大。本章利用 FLAC3D 建立数值模型,系统分析了不同类型的"OX"型、"F"型、"T"型空间结构工作面在不同工作面宽度条件下,随着开挖的进行煤层中应力分布规律。主要结论如下:

(1)工作面宽度为 50 m 的半空间横"OX"覆岩空间结构,煤壁前方支承压力集中程度较低,工作面初次来压步距为工作面宽度的 2 倍,来压不明显;随着工作面推进度的增加,前方应力集中程度变化不大。侧向支承压力高于煤壁前方,两端头应力高于工作面中部。

(2)工作面宽度为 100 m 的半空间正"OX"覆岩空间结构,煤层前方支承压力集中程度明显高于半空间横"OX"覆岩空间结构,并且来压明显,在工作面推进至与宽度相等时,应力快速上升,上升幅度大,来压后应力下降也较明显,顶板的初次来压与周期来压均显著,因此,半空间正"OX"覆岩空间结构的冲击危险性高于半空间横"OX"覆岩空间结构。

(3)工作面宽度为 200 m 的全空间竖"OX"覆岩空间结构,煤层前方支承压力整体高于半空间横"OX"覆岩空间结构和半空间正"OX"覆岩空间结构,工作面初次来压步距减小。随着工作面推进,上覆关键层开始运动,因此,出现了多次来压现象,对工作面影响最大的为第一亚关键层,距离工作面较远的第二亚关键层与主关键层则对支承压力影响不大。

(4)"OX"型空间结构工作面煤层前方支承压力随工作面宽度增大而线性增大,通过拟合发现,支承压力与工作面宽度直线斜率接近 1,而截距约为垂直方向原岩应力。

（5）长臂"F"覆岩空间结构工作面，煤层中垂直应力呈非对称分布，沿空侧垂直应力大小为实体煤侧的 2 倍左右。应力集中程度高于"OX"型空间结构，初次来压步距减小。长臂"F"覆岩空间结构工作面随着工作面推进，支承压力变化更为剧烈，来压次数与强度也高于"OX"结构，因此冲击危险性高。

（6）短臂"F"覆岩空间结构工作面相比长臂"F"覆岩空间结构，采空区侧的应力集中程度更高，沿空侧工作面一直处于高应力带中，工作面中部应力则比长臂"F"覆岩空间结构要小，表明短臂"F"覆岩空间结构由于各关键层已经破断运动，侧向影响范围小，"F"结构支撑点位于工作面边缘处，而长臂"F"覆岩空间结构的支撑点则深入工作面内部，影响范围大。同时，短臂"F"覆岩空间结构工作面中部应力变化波动不大，没有长臂"F"覆岩空间结构剧烈。

（7）对于短臂"F"覆岩空间结构工作面，加大工作面宽度超过极值点后，有利于整个工作面范围内支承压力的降低；对于长臂"F"覆岩空间结构工作面，加大工作面宽度后，端头支承压力将降低，而中部支承压力将升高。

（8）孤岛"T"型空间结构工作面应力变化趋势上与"F"型空间结构工作面类似，但是应力高于"F"型空间结构工作面，不管属于何种"T"结构类型，加大工作面宽度对工作面端头与中部的应力降低均有作用，工作面宽度最好大于150 m。

5 煤矿覆岩"OX—F—T"空间结构失稳机理

5.1 引言

采煤工作面覆岩破断、运动、平衡结构的形成与失稳规律是矿山压力研究的核心内容,研究成果丰硕[58-61]。而最具有代表性的当属钱鸣高院士提出的"砌体梁"结构模型与"关键层"理论[61]。"砌体梁"结构给出了上覆岩层的破断基本为"O-X"破断,破断后岩块相互铰合,形成三铰拱式的结构形态,并建立了该结构的"S-R"稳定理论。

"关键层"理论是基于煤系地层中某些坚硬厚岩层在变形运动过程中起控制作用的思想提出的,是覆岩运动领域的最新研究成果。"关键层"理论对基本顶至主关键层的岩层运动进行统一研究,是覆岩空间结构研究的基本理论,本章将基于关键层理论,根据"OX""F"与"T"结构的不同特点,对其失稳机理进行研究。

5.2 覆岩空间结构关键层的分类

"关键层"理论将覆岩中的关键层根据其控制岩层范围的不同,分为亚关键层与主关键层。亚关键层是指当其变形破断时,控制上方有限岩层的同步变形与垮落,亚关键层往往不止一层,靠近煤层最近的即通常所说的基本顶;主关键层则控制其上至地表所有岩层整体运动,主关键只有一层。以上的分类是根据其控制的上方岩层范围确定的,研究"OX"型空间结构工作面,沿用业关键层与主关键层的概念就足够了,但是当研究"F"型、"T"空间结构工作面关键层失稳时,由于涉及处于Ⅲ区的"F"结构,层位不同时,虽然都是亚关键层,但失稳与运动方式不同,因此应区别对待。基于本书的研究目的与对象,根据同一岩臂两侧关键层断裂线的位置关系,将关键层分为三类:① 低位亚关键层,两工作面关键层断裂线重合;② 高位亚关键层,两工作面关键层断裂具有一定间距;③ 主关键层,上一区段尚未发生破断的关键层,如图5-1所示。很显然,低位与高位亚关键层对应的是短臂"F"或"T"覆岩空间结构,主关键层对应的是长臂"F"或

"T"覆岩空间结构。以上根据断裂线位置的分类方法,本质上是考虑到空间结构中关键层相互作用不同,将导致不同的失稳机理,所诱发的冲击矿压或矿震形式不同,同时造成破坏的强度也具有明显差异。

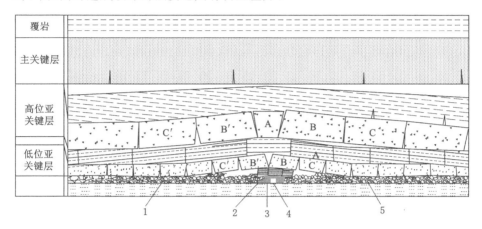

1—上区段采空区;2—上区段工作面端头未放顶煤;3—区段小煤柱;4—本区段工作面巷道;
5—本区段工作面采空区。

图 5-1　基于破断线关系的关键层分类

5.3　覆岩"OX"空间结构的形成与失稳机理

5.3.1　亚关键层"OX"结构的形成

众所周知,工作面基本顶初次来压期间,矿山压力达到最大,同时伴随有冲击动载效应,在此区间冲击矿压发生的概率也是最大的;同时,上覆各亚关键层至主主关键层悬露尺度达到极限值时,也会有初次破断,当亚关键层来压强度大时,同样会对工作面及两巷造成破坏。低位亚关键层与高位亚关键层一般来说都满足弹性薄板的要求,因此,可以采用薄板理论进行分析。图 5-2 为亚关键层薄板模型。

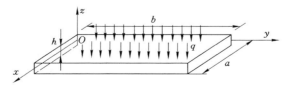

图 5-2　亚关键层薄板模型

工作面自开切眼向前推进，在基本顶初次来压前，可将其视为四周固支的板。纳维解法[159]是求解弹性薄板最简单的方法，能够得到薄板挠度的精确解。虽然纳维解法只给处了四边简支状态的精确解，但是，在非简支条件下也是可以利用纳维解法的思想，利用重三角级数形式对其进行求解。薄板的微分方程如下：

$$\nabla^4 \omega(x,y) = \frac{q(x,y)}{D} \tag{5-1}$$

式中　$\omega(x,y)$——板的挠度函数；

　　　$q(x,y)$——单位面积荷载，在此问题中，$q(x,y)$为常数，即板受均布载荷 q；

　　　D——板的抗弯刚度，$D = \frac{Eh^3}{12(1-\mu^2)}$；

　　　E——板的弹性模量，MPa；

　　　h——板的厚度；

　　　μ——泊松比。

四边固支板的边界条件为边界上挠度与转角为 0，即：

$$\begin{cases} \omega_{(x=0,a)} = 0, \left(\dfrac{\partial \omega}{\partial x}\right)_{(x=0,a)} = 0 \\ \omega_{(y=0,b)} = 0, \left(\dfrac{\partial \omega}{\partial y}\right)_{(y=0,b)} = 0 \end{cases} \tag{5-2}$$

取挠度 $\omega(x,y)$ 的表达式为双重三角级数：

$$\omega(x,y) = \sum_m \sum_n A_{mn} \sin^2 \frac{m\pi}{a}x \sin^2 \frac{n\pi}{b}y \tag{5-3}$$

式中的 m 和 n 是正整数，且 $m,n = 1,3,5,\cdots$。可以看出，式(5-3)能够满足式(5-2)的全部边界条件。

将式(5-3)代入薄板微分方程式(5-2)左边，并将各导数表达式中的 $\cos \frac{2m\pi}{a}x$、$\cos \frac{2n\pi}{b}y$ 展开为对应的 $\sin^2 \frac{m\pi}{a}x$、$\sin^2 \frac{n\pi}{b}y$，可以得到：

$$\nabla^4 \omega(x,y) = \sum_{m=1,3,5,\cdots}^{\infty} \sum_{n=1,3,5,\cdots}^{\infty} 8\pi^4 \left(\frac{2m^4}{3a^4} + \frac{4m^2n^2}{9a^2b^2} + \frac{2n^4}{3b^4}\right) \cdot$$

$$A_{mn} \sin^2 \frac{m\pi}{a}x \sin^2 \frac{n\pi}{b}y \tag{5-4}$$

将式(5-2)右边 $\frac{q(x,y)}{D}$ 也展开为重三角级数：

$$\frac{q(x,y)}{D} = \frac{64}{9ab} \sum_{m=1,3,5,\cdots}^{\infty} \sum_{n=1,3,5,\cdots}^{\infty} 8\pi^4 \left(\int_0^a \int_0^b q(x,y) \sin^2 \frac{m\pi}{a}x \sin^2 \frac{n\pi}{b}y \, dx \, dy \right) \cdot$$

$$\sin^2 \frac{m\pi}{a}x \sin^2 \frac{n\pi}{b}y \tag{5-5}$$

对式(5-4)与式(5-5)中 $\sin \frac{m\pi}{a}x \sin^2 \frac{n\pi}{b}y$ 系数进行对比,即可求出系数 A_{mn}:

$$A_{mn} = \frac{4 \left(\int_0^a \int_0^b q(x,y) \sin^2 \frac{m\pi}{a}x \sin^2 \frac{n\pi}{b}y \, dx \, dy \right)}{\pi^4 ab \left(\frac{3m^4}{a^4} + \frac{2m^2 n^2}{a^2 b^2} + \frac{3n^4}{b^4} \right)} \tag{5-6}$$

前面已经说明,对于薄板所受载荷可简化为均布载荷,因此式(5-6)可简化为:

$$A_{mn} = \frac{q}{\pi^4 D \left(\frac{3m^4}{a^4} + \frac{2m^2 n^2}{a^2 b^2} + \frac{3n^4}{b^4} \right)} \tag{5-7}$$

将式(5-7)代回式(5-3)即得到均布载荷下四边固支板的挠度方程为:

$$\omega(x,y) = \frac{q}{\pi^4 D} \sum_{m=1,3,5,\cdots}^{\infty} \sum_{n=1,3,5,\cdots}^{\infty} \frac{\sin^2 \frac{m\pi}{a}x \sin^2 \frac{n\pi}{b}y}{\frac{3m^4}{a^4} + \frac{2m^2 n^2}{a^2 b^2} + \frac{3n^4}{b^4}} \tag{5-8}$$

由此可以得到均布载荷下四边固支板的应力表达式为:

$$\sigma_x = \frac{2qEz}{D(1-\mu^2)} \sum_{m=1,3,5,\cdots}^{\infty} \sum_{n=1,3,5,\cdots}^{\infty} \frac{\left(\frac{m}{a}\right)^2 \cos^2 \frac{m\pi}{a}x \sin^2 \frac{n\pi}{b}y + \mu \left(\frac{n}{b}\right)^2 \sin^2 \frac{m\pi}{a}x \cos^2 \frac{n\pi}{b}y}{\frac{3m^4}{a^4} + \frac{2m^2 n^2}{a^2 b^2} + \frac{3n^4}{b^4}}$$

$$\tag{5-9}$$

经比较分析,表达式在 $x=0$ 或 a,$y=b/2$ 时取最大值,取级数的第一项,则可得出 x 方向的最大值为:

$$\sigma_{x\max} = \frac{12\mu q a^4 b^2}{\pi^2 h_0^2 (3a^4 + 2a^2 b^2 + 3b^4)} \tag{5-10}$$

同理,y 方向在 $x=a/2$,$y=0$ 或 b 时取最大值:

$$\sigma_{y\max} = \frac{12\mu q a^2 b^4}{\pi^2 h_0^2 (3a^4 + 2a^2 b^2 + 3b^4)} \tag{5-11}$$

令 b 为工作面宽度,a 为推进度,岩层泊松比 $\mu=0.25$,关键层厚度 $h_0 =$

5 m,图 5-3 为不同工作面宽度、不同推进度下的 $\sigma_{x\max}$、$\sigma_{y\max}$ 变化曲线。

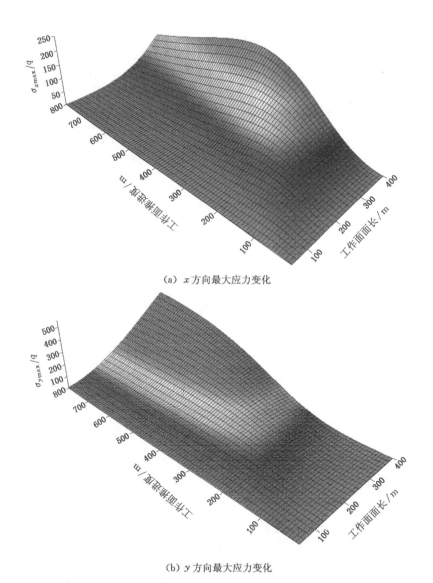

(a) x 方向最大应力变化

(b) y 方向最大应力变化

$\sigma_{x\max}/q$——x 方向最大正应力与上覆载荷比值;$\sigma_{y\max}/q$——y 方向最大正应力与上覆载荷比值。

图 5-3　不同工作面宽度下 x,y 方向最大应力变化

由图 5-3 可以看出:在相同悬顶的情况下,工作面宽度越长,正应力越大;随着推进度的增大,x 方向先升后将,最大值出现在 $a=b$ 处,即工作面关键层呈正

方形悬露时,其应力最大;而 y 方向则呈一直上升趋势,在 $a=2b$ 以后,上升缓慢。

图 5-4 为工作面宽度为 200 m($b=200$ m),不同推进度下的最大应力($\sigma_{x\max}$、$\sigma_{y\max}$)变化曲线。

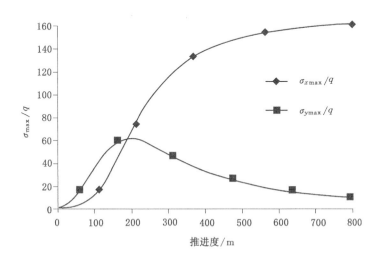

图 5-4 工作面宽度 200 m 时最大应力变化曲线

由图 5-4 可知,均布载荷下的矩形关键层薄板总是先在长边中点处达到应力最大值,随着推进度的增加,当 $a=b$ 时,$\sigma_{x\max}$ 达到最大值,当 $a<b$ 时,$\sigma_{x\max}>\sigma_{y\max}$;当 $a>b$ 后,$\sigma_{x\max}<\sigma_{y\max}$,并且 $\sigma_{x\max}$ 降低,$\sigma_{y\max}$ 上升,在 $a=2b$ 时上升越来越慢,并逐渐平稳。

一般情况下,岩石的抗拉强度最低,因此当拉应力超过抗拉极限后,岩石拉裂。

$$\sigma_{x\max}=\frac{12\mu qa^4b^2}{\pi^2h_0^2(3a^4+2a^2b^2+3b^4)}\geqslant\sigma_{tx} \tag{5-12}$$

$$\sigma_{y\max}=\frac{12\mu qa^4b^2}{\pi^2h_0^2(3a^4+2a^2b^2+3b^4)}\geqslant\sigma_{ty} \tag{5-13}$$

式中:σ_{tx}、σ_{ty} 分别为 x、y 方向关键层极限抗拉强度。

当两长边发生破断后,可以将其看作简支,于是板的边界条件为两对边简支,两对边固支。边界条件为:

煤矿覆岩空间结构型冲击矿压诱发机制研究

$$\begin{cases} \omega_{(x=0,a)}=0, \left(\dfrac{\partial \omega}{\partial x}\right)_{(x=0,a)}=0 \\ \omega_{(y=0,a)}=0, \left(\dfrac{\partial^2 \omega}{\partial y^2}\right)_{(y=0,b)}=0 \end{cases} \tag{5-14}$$

将挠度函数设为式(5-15)所列双三角级数形式:

$$\omega(x,y)=\sum_m \sum_n A_{mn}\sin^2\frac{m}{a}\pi x\sin\frac{n}{b}\pi y \tag{5-15}$$

式中:$m,n=1,3,5,\cdots$。

同样借鉴纳维解法思想,即可得挠度表达式为:

$$\omega=\frac{16q}{\pi^5 D}\sum_{m=1,3,5,\cdots}^{\infty}\sum_{n=1,3,5,\cdots}^{\infty}\frac{\sin^2\dfrac{m\pi x}{a}\sin\dfrac{n\pi y}{b}}{n\left(16\dfrac{m^4}{a^4}+8\dfrac{m^2 n^2}{a^2 b^2}+3\dfrac{n^4}{b^4}\right)} \tag{5-16}$$

应力表达式为:

$$\sigma_x=\frac{16qEz}{\pi^3 D(1-\mu^2)}\sum_{m=1,3,5,\cdots}^{\infty}\sum_{n=1,3,5,\cdots}^{\infty}\frac{2\left(\dfrac{m}{a}\right)^2\cos^2\dfrac{m\pi}{a}x\sin\dfrac{n\pi}{b}y-\mu\left(\dfrac{n}{b}\right)^2\sin^2\dfrac{m\pi}{a}x\sin\dfrac{n\pi}{b}y}{n\left(16\dfrac{m^4}{a^4}+8\dfrac{m^2 n^2}{a^2 b^2}+3\dfrac{n^4}{b^4}\right)}$$

$$\tag{5-17}$$

分析可知 σ_x 在 $x=0$ 或 a,$y=\dfrac{b}{2}$,即固支边中点时取得最大值:

$$\sigma_{x\max}=\frac{192qa^2 b^4}{\pi^3 h_0^2(3a^4+8a^2 b^2+16b^4)} \tag{5-18}$$

如图 5-5 所示为不同工作面宽度、不同推进度下 $\sigma_{x\max}$ 的变化曲线,基本顶与上覆载荷参数与上相同。

从图 5-5 中可以看出,固支边的最大应力随着推进度同样先增大后减小,趋势与四边固支长边类似。但应力数值要大得多,比如工作面宽度为 200 m,工作面推进至 100 m 时,应力值是四边固支板的 4 倍,因此,顶板在 x,y 物理力学性质相差不大时,长边断裂后,短边将很快断裂,裂纹发展并贯通,形成"O"形,顶板将沿此"O"形裂纹旋转下沉,此时可以看作四边简支的薄板,四边简支板的纳维解法是成熟的,最大拉应力发生在板底面中央长边上,所以底部会继续破断,并向四角扩展,形成"X"形破断,最终呈"OX"破断。当 $a<b$ 时,呈竖"OX"破断;当 $a=b$ 时,呈正"OX"破断;当 $a\geqslant b$ 时,则呈横"OX"破断。随着破断的逐步向上发展,如果所有关键层发生破断,则工作面处于全空间"OX"覆岩空间结

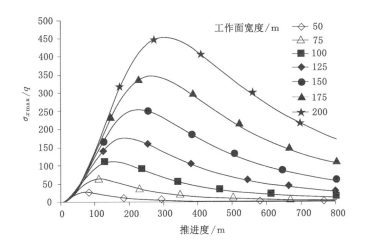

图 5-5　对边简支、对边固支最大应力变化图

构;如果存在主关键层保持稳定,不发生破断,则工作面处于半空间"OX"覆岩空间结构。

　　综上可以看出,工作面关键层的初次来压形式取决于上覆载荷、工作面宽度、岩层厚度、抗拉强度,在知道关键层的基本物理力学属性后,即可按照式(5-12)和式(5-13)计算关键层的极限跨距。

5.3.2　主关键层"OX"结构的形成

　　由主关键层的定义可知,主关键层能够横跨两个或两个以上工作面,能满足这样条件的主关键层一般厚度非常大、强度高,如淮北海孜煤矿、兖州鲍店煤矿、东滩煤矿、济宁二号井以及河南义马矿区等,其上方普遍存在的巨厚岩浆岩或砂岩厚度超过 150 m。板的厚度与跨度比值不能满足薄板的 $h/a < 1.5$ 的要求,同时采场覆岩属于沉积地层,分层性明显,而且存在软弱夹层等结构面,从这个概念上说,当存在结构面时,厚层主关键层相当于复合板,软弱夹层抗剪性差,运用克希霍夫假设是不合适的[160]。虽然主关键层厚度巨大,但是整层断裂并垮落的现象并不多,这可以从地表下沉变形观测得到验证[61],说明巨厚板会在横向剪切力作用下发生分层运动,薄板理论忽略了横向剪切变形,因此利用弹性薄板理论分析主关键层的破断模式与规律是有局限性的。由于厚板理论得到挠度函数与应力精确解非常复杂困难,因此将巨厚岩层简化为梁,如图 5-6 所示。

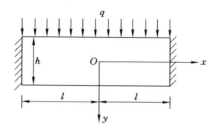

图 5-6　主关键层的固支梁力学模型

根据弹性力学可得梁中剪切力表达式为：

$$\tau_{xy} = \frac{6q}{h^3}xy^2 - \frac{3}{2h}qx \qquad (5-19)$$

τ_{xy} 在中部达到最大值，设在高度 h_r 处存在软弱岩层，并将 $x = l$ 代入式（5-19），则软弱岩层破坏的判据为：

$$\tau_{xy} = \frac{6q}{h^3}lh_r^2 - \frac{3}{2h}ql > \tau_r \qquad (5-20)$$

主关键层受剪切力作用被剪开后，将形成两个岩层运动，形成的独立岩层如果不满足剪切破坏条件，将会以拉破坏形式破断。

因此，对于含有软弱夹层的主关键层，满足式（5-20），破断模式为首先沿弱面剪切形成独立岩层，若满足式（5-20）将继续发生剪切分层形成"O-X"破断，如图 5-7 所示。

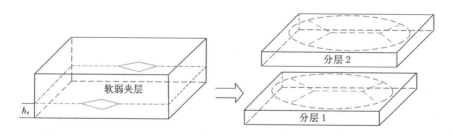

图 5-7　主关键层的弱面剪切—"O-X"破断模式

对于不含软弱夹层的整层主关键层（如岩浆岩），王金安等[161]研究表明：首先巨厚岩浆岩层的上表面长边中点发生拉破坏，然后上表面短边中点进入塑性状态发生拉破坏；随着工作面继续推进，中心面长边中心点发生剪切破坏；之后上表面的中点处应力达到岩体强度产生沿 x 轴的塑性破坏，并向四周扩展，形成"X"型破坏模式;最后中心面短边的中点处由于剪切作用而破坏。因此,由于拉应力和剪应力的作用,使巨厚关键层从上表面到中心面沿厚度方向出现大的裂隙,而关键层的下表面由于上覆荷载和自重作用而出现垮落。完整巨厚主关键层的破断模式如图5-8所示。

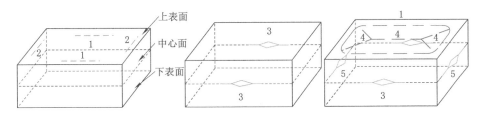

图5-8　完整巨厚主关键层的破断模式

根据以上分析,可以分别对第2章中提出的"OX"型、"F"型与"T"型空间结构工作面上覆关键层的破断模式发展过程进行判断。

5.3.2.1 "OX"型空间结构工作面

由图5-1可知,在工作面走向与倾向上均存在煤壁支撑影响角α,垮落覆岩不断升高,断裂线逐渐向采空区移动,岩层悬露尺寸也不断减小,可以理解为,越向上发展,关键层板的宽度越小。因此,"OX"型空间结构在竖直方向上存在竖"OX"型—正"OX"型—横"OX"型的演化可能,主要取决于倾向煤壁支撑影响角α以及煤柱的支撑性质。"OX"型空间结构工作面关键层竖"OX"型—正"OX"型—横"OX"型的破断演化图如图5-8所示。

5.3.2.2 "F"型空间结构工作面

根据"F"型空间结构工作面的定义可知:"F"型空间结构工作面基本顶为低位亚关键层,短臂"F"覆岩空间结构存在低位亚关键层与高位亚关键层,长臂"F"覆岩空间结构则存在主关键层。低位亚关键层"F"覆岩空间结构体的初次破断可以看作三边固支一边简支的薄板破断,高位亚关键层则属于四边固支矩形板。对于三边固支、一边简支的板,应满足的边界条件为:

$$\begin{cases} \omega_{(x=0,a;y=0)}=0, \left(\dfrac{\partial \omega}{\partial x}\right)_{(x=0,a;y=0)}=0 \\ \omega_{(y=b)}=0, \left(\dfrac{\partial^2 \omega}{\partial y^2}\right)_{(y=b)}=0 \end{cases} \quad (5\text{-}21)$$

将挠度方程设为:

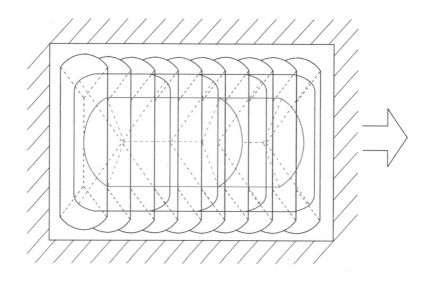

图 5-9　"OX"型空间结构工作面关键层竖"OX"型—正"OX"型—横"OX"型的破断演化图

$$\omega(x,y)=\sum_m A_m\left(1-\cos\frac{2\pi mx}{a}\right)\left(\frac{y}{b}\right)^2 \tag{5-22}$$

可得挠度方程为：

$$\omega(x,y)=\frac{q\left(1-\cos\dfrac{2\pi x}{a}\right)\left(\dfrac{y}{b}\right)^2}{6\pi^4 D\left[\dfrac{3}{b^4}+\left(\dfrac{8}{3}-4\mu\right)\left(\dfrac{1}{a^2b^2}+\dfrac{4}{5a^4}\right)\right]} \tag{5-23}$$

因此,应力表达式为：

$$\sigma_x=\frac{2AEz}{\pi^4(1-\mu^2)}\left[\left(\frac{2\pi^2 x^2}{a^2}-\mu\right)\cos\frac{2\pi y}{a}+\mu\right]$$

$$\sigma_y=\frac{2AEz}{\pi^4(1-\mu^2)}\left[1+\left(\frac{2\pi^2\mu x^2}{a^2}-1\right)\cos\frac{2\pi y}{a}\right] \tag{5-24}$$

在应力最大值发生在固支边中点,$x=0$、a,$y=\dfrac{b}{2}$,σ_x 达到最大：

$$\sigma_{x\max}=\frac{15a^2 b^4 q}{\pi^2 h_0^2\left[45a^4+5(8-12\mu)a^2b^2+12b^4\right]} \tag{5-25}$$

$y=0$,$x=\dfrac{a}{2}$,σ_y 达到最大：

$$\sigma_{y\max}=\frac{15a^2 b^4 q}{\pi^2 h_0^2\left[45a^4+5(8-12\mu)a^2b^2+12b^4\right]} \tag{5-26}$$

从式(5-25)与式(5-26)可以看出,处于三边固支、一边简支的"F"型空间结构工作面与处于四边固支的"OX"型空间结构工作面,正应力的最大值均发生在固支边的中点,并且具有类似的表达形式,只是系数不同,所以,"F"型空间结构工作面与"OX"型空间结构工作面板中固支边应力随着工作面宽度与推进度变化趋势相同。设工作面宽度为 200 m,岩层泊松比为 0.25,$h_0 = 5$ m,如图 5-10 所示为"F"型与"OX"型空间结构工作面最大应力变化曲线。

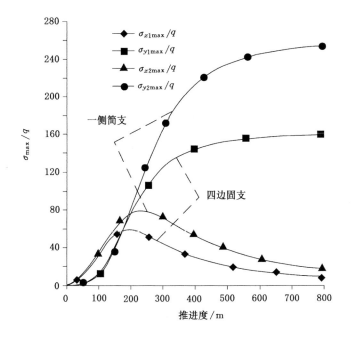

图 5-10 "F"型与"OX"型空间结构工作面最大应力变化曲线

在工作面推进度小于 100 m 时,两者 $\sigma_{x\max}$ 很相近,"F"型空间结构工作面稍高于"OX"型空间结构工作面;在推进度大于 100 m 后,"F"型空间结构工作面 $\sigma_{x\max}$ 开始并一直高于"OX"型空间结构工作面,达到最大值后开始下降。"F"型空间结构工作面 $\sigma_{x\max}$ 的最大值不是在 $a = b$ 的 200 m,而是在 240 m 处。在 $a \leqslant b$ 时,$\sigma_{y\max}$ 两者基本相等,均小于 $\sigma_{x\max}$;$a > b$ 后,$\sigma_{y\max} > \sigma_{x\max}$,"F"型空间结构工作面 $\sigma_{x\max}$ 迅速上升,显著高于"OX"型空间结构工作面。因此,在岩层物理力学属性不变的情况下,"F"型空间结构工作面初次来压步距要小于"OX"型空间结构工作面,并且很难出现正"O-X"破断方式,除非相邻"OX"型空间结构工作面为横"O-X"破断,即便如此,"F"型空间结构工作面首先破断也是沿 $y = 0$ 固支边,而不是工作面推进方向的固支边。

根据板的屈服线分析法[160],低位亚关键层板沿三边固支边相继破断形成"O"形,板中央平行长边弯矩又达到最大值,超过强度极限后断裂,并向四角扩展,与"OX"工作面不同,由于"F"结构工作面一侧已经采空,在实体煤一侧能够形成"X"断裂线,而在采空一侧,则与原"OX"型空间结构工作面"X"断裂线贯通,"F"型空间结构工作面形成的新断裂线模式为半"O-X",如图5-11所示。

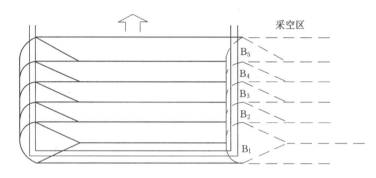

图 5-11 "F"型空间结构工作面低位亚关键层破断模式

"F"型空间结构工作面高位亚关键层断裂线不与"OX"型空间结构工作面重合,即其初次破断前为四边固支板,其应力分布与上一节计算结果相同。

因此,对于短臂"F"覆岩空间结构,因为只存在低位与高位亚关键层,与"OX"型空间结构工作面类似,由于受煤壁支撑影响角与残留边界的影响,"F"体在竖直方向上存在半"OX"型—竖"OX"型—正"OX"型—横"OX"型的演化方式,同时伴随着"F"臂结构(图2-2中Ⅲ区)失稳。

长臂"F"覆岩空间结构比短臂"F"覆岩空间结构多了主关键层的"OX"破断,由于两工作面采空区贯通后宽度较大,主关键层一般为竖"OX"破断。

5.3.2.3 "T"结构工作面

"T"型空间结构工作面由于两侧已经开采,其低位亚关键层在初次来压之前为两对边简支(采空区侧),两对边固支(煤壁与煤柱)的弹性薄板,即相当于四边固支板长边发生破断后的状态,挠度与应力解为式(5-15)~式(5-18)。

从图5-5中可以看出,"T"型空间结构工作面低位亚关键层初次来压前,固支边的最大应力随着推进度先增大后减小,趋势与"OX"型、"T"型空间结构工作面固支长边类似。随着工作面宽度的加大,$\sigma_{x\max}$逐步变大,但是,推进度小于 50 m 时,$\sigma_{x\max}$基本相同,工作面宽度超过 150 m 后,推进至 100 m 之前,$\sigma_{x\max}$基本相同,假设工作面低位亚关键层初次来压步距为 100 m,工作面宽度只要超过 150 m,则对来压步距影响不大。

相比"OX"型、"F"型空间结构工作面,"T"型空间结构工作面应力数值要大得多。比如,工作面宽度为 200 m,工作面推进至 100 m 时,"T"型空间结构工作面 $\sigma_{x\max}$ 是"OX"型、"F"型空间结构工作面的 4 倍,"T"型空间结构工作面亚关键层来压步距更小。同"F"型空间结构工作面类似,$\sigma_{x\max}$ 随着推进度的增大,最大值也不是出现在 $a=b$ 时,而是出现 $a>b$,基本为 $a=1.5b$ 时,因此,"T"型空间结构工作面低位亚关键层也很难出现正"O-X"破断。

"T"型空间结构工作面低位亚关键层板沿两固支边相继破断,与两侧采空区的"O"形边贯通,板中央平行长边弯矩又达到最大值,超过强度极限后断裂,并扩展至两侧断裂线,由于"T"型空间结构工作面两侧已经采空,所以不能形成完整的"O-X"断裂线,只能形成"O"形圈,并且初次破断为反弧形。"T"型空间结构工作面低位亚关键层破断模式如图 5-12 所示。

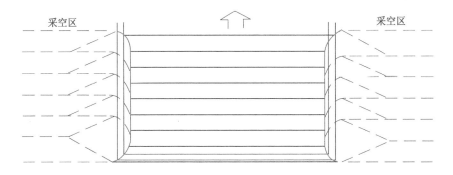

图 5-12　"T"型空间结构工作面低位亚关键层破断模式

对称短臂"T"覆岩空间结构工作面也存在着"O"型—竖"OX"型—正"OX"型—横"OX"型的演化方式,同时伴随着"T"臂结构(图 2-2 中Ⅲ区)失稳。

对称长臂"T"覆岩空间结构则比对称短臂"T"覆岩空间结构多了主关键层的"OX"破断,由于两工作面采空区贯通后宽度较大,主关键层一般为竖"OX"破断,即"O"型—竖"OX"型—正"OX"型—横"OX"型—竖"OX"型。

非对称"T"覆岩空间结构一侧关键层已经断裂,因此与对称长臂"T"覆岩空间结构不同,其主关键层会呈半"OX"型破断,即"O"型—竖"OX"型—正"OX"型—横"OX"型—半"OX"型。

5.4 覆岩"F"空间结构失稳机理

5.4.1 走向方向"F"结构失稳

走向方向的"F"结构本质上是煤壁支承影响区与离层区在满足一定条件的情况下,能够形成外表为梁、实际为拱的"砌体梁"平衡结构,该平衡结构中离层区的 B 岩块为关键块。在工作面存在多层关键层时,各关键层的稳定性不但受自身影响,同时也受相邻关键层破断运动的影响,因此将关键块的稳定分为主动失稳与被动失稳。

5.4.1.1 主动失稳

关键层主要是在自身及其控制的软弱岩层重力作用下的垮落与失稳称为主动失稳。其特征是关键层岩组与上一层关键层发生明显的离层,垮落过程以及其后的结构稳定性不受上覆关键层的作用。对"砌体梁"结构关键块进行力学分析可知,关键块存在滑移与旋转两种基本失稳形式,即"S-R"稳定理论,其表达式为[61]:

$$h + h_1 \leqslant \frac{\sigma_c}{30\rho g}\Big(\tan\varphi + \frac{3}{4}\sin\theta_1\Big)^2$$

$$h + h_1 \leqslant \frac{0.15\sigma_c}{\rho g}\Big(i^2 - \frac{3}{2}i\sin\theta_1 + \frac{1}{2}\sin^2\theta_1\Big)^2 \tag{5-27}$$

式中 h——关键层岩块厚度;

   h_1——关键层上覆软弱负载岩层厚度;

   σ_c——关键层抗压强度;

   ρg——岩体的体积力;

   i——关键层岩块高度与长度比,称为块度,$i = h/l$;

   $\tan\varphi$——岩块间的摩擦因数;

   θ_1——关键块的旋转角度。

当覆岩中各关键层破断运动过程都能够满足式(5-27)时,则能够形成平衡结构,并且在无外力扰动下,此平衡结构能够一直存在。如果各关键层不能满足式(5-27)时,则不能形成平衡结构而发生滑移或旋转失稳。由于自身与负载岩层物理力学性质而导致失稳,即为主动失稳过程。

5.4.1.2 被动失稳

与主动失稳相对应,关键层在上一关键层岩组下沉运动或其他外部扰动的压迫作用下发生的破断垮落或二次失稳称为被动失稳。被动失稳往往与主动垮落或失稳联系在一起，形成主被动组合运动形式，在第 2 章的相似模拟中，可以观察到基本顶的被动失稳形式。被动失稳垮落速度较快，每次垮落厚度大，为关键层及其控制的上方所有岩层组，而块度较短。关键块被动垮落时对工作面周围煤体的冲击影响程度取决于一次垮落岩层厚度与垮落速度，厚度越大，矿压显现越强；垮落速度越快，对煤体的冲击力越强，越容易诱发冲击矿压。被动失稳会造成岩块的滑落失稳与台阶下沉。

图 5-13（a）为采场覆岩"砌体梁"结构模型，存在多层关键层时，将形成多层砌体梁结构，各层结构之间相互制约，形成结构体系，因此增加了岩块 B 所受的上部岩层载荷 p_1 与下位岩层支承力 F_1。图 5-13（b）～（d）为多层"砌体梁"结构体系作用下，关键块被动失稳发展过程，随着开采空间的加大，覆岩破断高度不断上升。各层关键层在破断运动过程中满足式（5-27）时，会形成暂时的平衡结构[图 5-13（b）]，此时，破断运动发展到上覆岩层；上覆岩层结构不满足式（5-27）时，将发生主动失稳，一方面，失稳过程中会对下方关键层结构形成载荷作用，另一方面，失稳后的这部分岩层将成为下层关键层的负载岩层，将载荷作用与一次主动失稳岩层总厚度定义为等效负载岩层 h'_1，则 $h'_1 = \dfrac{p}{\rho g} + \sum_i h_i + h_{i+1}$，式中，$p$ 为上层覆岩层结构失稳过程对下方支撑层的载荷力，h_i、h_{i1} 为 i 层上覆岩层结构一次失稳总厚度，包括承载层与负载层厚度。在此作用下，关键块 D_2 将产生回转变形失稳或剪切滑落失稳，同时将上覆的重量与自身载荷一起作用于 C 层"砌体梁"结构，C 层"砌体梁"结构受到强大载荷作用也将失稳，这样逐层向下发展最终导致最下一个"砌体梁"结构失稳。这个过程即覆岩的被动失稳过程，如图 5-13（d）所示。

关键层"砌体梁"结构的主-被动失稳模式可用覆岩受力矩阵 $\boldsymbol{M}$ 表示，若覆岩"砌体梁"结构体系岩层层数为 n，则：

$$\boldsymbol{M} = \begin{bmatrix} \boldsymbol{A}_{11} & \boldsymbol{A}_{12} & \boldsymbol{A}_{13} & \cdots & \boldsymbol{A}_{1n} \\ \boldsymbol{A}_{21} & \boldsymbol{A}_{22} & \boldsymbol{A}_{23} & \cdots & \boldsymbol{A}_{2n} \\ \boldsymbol{A}_{31} & \boldsymbol{A}_{32} & \boldsymbol{A}_{33} & \cdots & \boldsymbol{A}_{3n} \\ \vdots & \vdots & \vdots & \cdots & \vdots \\ \boldsymbol{A}_{n1} & \boldsymbol{A}_{n2} & \boldsymbol{A}_{n3} & \cdots & \boldsymbol{A}_{nn} \end{bmatrix} \tag{5-28}$$

$\boldsymbol{M}$ 矩阵的元素 $\boldsymbol{A}_{ij}$ 为一个子矩阵，表示岩层 j 对岩层 i 的作用，$\boldsymbol{A}_{ij}$ 可写为：

$$\boldsymbol{A}_{ij} = \begin{bmatrix} (F_x)_{ij} & (F_y)_{ij} & M_{ij} \end{bmatrix} \tag{5-29}$$

矩阵 $\boldsymbol{A}_{ij}$ 的三个元素分别为岩层 j 对岩层 i 的 X、Y 方向作用力及 XOY 平

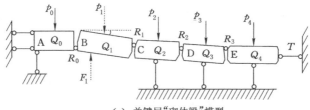

(a) 关键层"砌体梁"模型

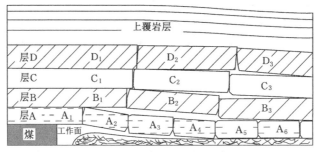

(b) "砌体梁"结构暂时平衡

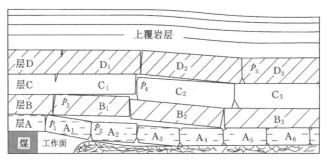

(c) 上覆岩层结构下沉运动

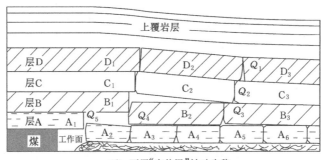

(d) 下层"砌体梁"被动失稳

图 5-13 "F"结构被动失稳

面的力矩。此多层"砌体梁"结构体系达到平衡时,矩阵 M 须满足如下条件:

$$
\left.
\begin{array}{l}
A_{ij} = 0 \qquad (|\,i-j\,|) \geqslant 2 \\
\displaystyle\sum_{j=1}^{n} A_{ij} = 0 \\
A_{ij} = -A_{ij} \quad (i \neq j)
\end{array}
\right\}
\tag{5-30}
$$

式(5-30)分别表示非相邻岩层之间不存在直接作用力,覆岩各层结构体的平衡条件以及岩层之间的作用力与反作用力,岩层之间形成相互制约的体系。矩阵 M 内任意非零元素的改变都将在矩阵内形成应力震荡,使覆岩作用力传播。扰动主要来自工作面开采,因此,运动首先从下向上发展,矩阵 M 右下角元素首先改变,作用力从矩阵右下角向左上角传播,此过程即"砌体梁"结构的形成与主动失稳过程;当上覆结构失稳时,矩阵 M 中元素 A_{11} 首先改变,载荷作用从矩阵 M 左上角向右下角传播,此即为"砌体梁"结构的被动失稳模式。

式(5-29)和式(5-30)表达的关键层"砌体梁"结构失稳主要受岩层破断运动与失稳的影响。实际上,其他形式的扰动也会造成被动失稳的发生,如动载荷扰动,包括爆破作用、矿震等,这些影响一般比上覆岩层断裂影响要小,而且具有一定的随机性,因此,本书没有详细讨论。

5.4.2 倾向方向"F"结构失稳

5.4.2.1 低位亚关键层"F"结构塔式失稳机理

处于低位亚关键层的"F"结构实际上就是图 5-11 中的 B 岩块,也就是通常所说的"弧三角板"。对于"弧三角板"的稳定性,柏建彪[154]对其进行了比较系统的研究,基于关键层与砌体梁"S-R"理论,通过分析"弧三角板"力学模型,提出了"弧三角板"稳定性系数的概念,给出了"弧三角板"失稳判据。但是,上述研究只考虑了"弧三角板"的自身稳定性,即主动失稳,没有考虑相邻工作面顶板与"弧三角板"的相互作用,以及在上覆关键层结构下的被动失稳。由于断裂线的相互贯通,"F"型空间结构工作面顶板的垮落下沉对"F"结构影响很大,极易造成"F"结构的失稳,华亭煤矿 250103 工作面开采过程中,沿空一侧震动异常频繁则说明了这一情况。因此,需要对开采过程中"F"结构失稳机理进行研究。如图 5-14 为低位亚关键层"F"结构与力学模型,"F"型空间结构工作面顶板断裂垮落后与"F"结构岩块相互铰合,外形似塔,称之为塔式结构。

对 B 岩块进行力学分析,由 $\sum M_0 = 0$ 得:

$$
M + Gl\cos\alpha + Q_2 l_2 + T_1 \frac{1}{2}a = Q_1 l_1 + T_2\left[h - 2l\sin\alpha - \frac{1}{2}a\right] +
$$

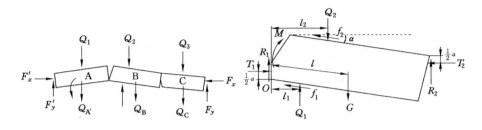

图 5-14　低位亚关键层"F"结构与力学模型

$$R_2 2l\cos\alpha + f_2\left(h - \frac{1}{2}a\right) \tag{5-31}$$

由 $\sum F_x = 0$ 得：

$$T_2 = T_1 + (f_1 + f_2)\cos\alpha \tag{5-32}$$

所以可得水平推力为：

$$T_1 = \frac{M + Gl\cos\alpha + Q_2 l_2 + \dfrac{a}{2}(f_1 + f_2)\cos\alpha - Q_1 l_1 - R_2 2l\cos\alpha - f_2\left(h - \dfrac{a}{2}\right)}{\left(h - 2\sin\alpha - \dfrac{1}{2}a\right)}$$

$$\tag{5-33}$$

式中　M——本区段工作面低位亚关键层关键块 A 旋转下沉过程中对 B 岩块力矩；

　　　G——岩块 B 自重；

　　　Q_1——采空区端头垮落煤岩体对岩块 B 的支撑力；

　　　Q_2——上覆岩层对岩块 B 的载荷；

　　　f_1,f_2——岩块 B 与上下岩层之间的摩擦力；

　　　T_1,R_1——岩块 A 对岩块 B 的约束力；

　　　T_2,R_2——岩块 C 对岩块 B 的约束力；

　　　l_1,l_2——Q_1、Q_2 至 O 点距离；

　　　l,h——岩块 B 的长度与厚度；

　　　a——岩块 B 铰接点塑性区长度，$a = 1/2(l - h\sin\alpha)$；

　　　α,φ——岩块 A 的转角与摩擦系数。

水平力与岩块 B 自身重量、所受载荷、相邻顶板旋转下沉力矩作用成正比，与下方煤体以及后方岩块 C 的支撑力成反比，而与转角成非线性正相关关系，如图 5-15 所示。

岩块 B 的失稳同样是具有剪切滑移与旋转两种基本形式：

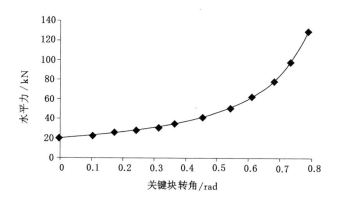

图 5-15 低位亚关键层"F"结构水平力与转角的关系

失稳发生的条件为：

$$T_1 \tan \varphi \leqslant R_1$$
$$T_1 \geqslant a \eta \sigma_c$$

(5-34)

可以看出，在相邻工作面采动顶板运动下，旋转力矩加大，在超前支承压力作用下，低位亚关键层"F"结构与下方煤柱承受叠加支承压力，导致 Q_2 上升、Q_1 下降，α 变大，T_1 急剧升高，并且一旦岩块 B 开始向下回转运动，重新回到平衡状态越来越困难，此平衡结构为非稳定平衡结构，一旦启动失稳，无外部能量输入的情况下，将一直运动下去，直至达到系统熵值最大的另一个平衡结构。因此，低位亚关键层"F"结构主要发生旋转失稳。

5.4.2.2 高位亚关键层"F"结构桥式失稳机理

高位亚关键层"F"结构主要是图 2-2 中的Ⅲ区岩层，即图 5-1 中的 A 岩块。受煤壁支撑影响角与煤柱的支撑，由下向上高位亚关键层"F"结构呈倒锥体，同一层则外形似桥，称之为桥式结构。高位亚关键层与低位亚关键层的区别不仅在于其处于更高的层位，而且还因为其断裂线并不重合，断裂线中间的岩块对于开采扰动具有一定的抵抗与缓冲能力，上区段采空区中关键岩块的稳定性与中间岩块的约束作用密切相关。同时，由于垮落岩层的碎胀作用与离层的存在，高位亚关键层下方自由空间高度要小于低位亚关键层，因此其稳定性明显高于低位亚关键层，但是维持其结构平衡也需要满足一定的力学条件，当条件不能满足时，也会发生失稳运动。由于其断裂块度大，初次断裂不充分，其所积聚的能量远高于低位亚关键层结构系统，并且会带动相邻 B 岩块的失稳。因此，通常情况下，高位亚关键层失稳所释放的能量高于低位亚关键层滑移失稳所释放的能量。

1.煤柱破坏诱发失稳

下方支撑体,尤其是煤柱的性质是影响 A 岩块稳定性的最主要因素。工作面煤壁后方,整个高位亚关键层"F"结构倒锥体载荷全部由煤柱承担,随着煤柱的破坏,A 岩块将不断地旋转下沉,从而破坏了铰接块体 A 与两侧关键块体 B 的平衡结构,使之处于动态不稳定状态,引发 B 岩块的滑移与下沉,如图 5-16 所示。由于 B 岩块的滑移与运动,A 岩块不但向后方旋转,同时也会向采空区旋转,至于悬向上区段采空区还是本工作面采空区,主要取决于两侧煤柱的刚度,A 岩块的下沉会向刚度低的一侧偏转,当煤柱较坚硬时,向采空区偏转,当煤柱较软时,向工作面空间偏转,这种情况对生产很不利,将导致高位亚关键层震动在工作面上方集中。因此,在生产过程中沿空侧应加强巷道支护,提高工作面侧煤柱的刚度与承载能力。

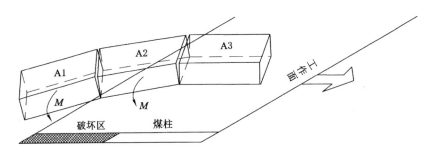

图 5-16　煤柱破坏导致高位亚关键层"F"结构失稳

由第 3 章的相似材料模拟可知,工作面之间的煤柱存在稳定破坏与整体突发破坏。煤柱处于稳定破断状态时,A 岩块经图 5-16 所示的失稳过程,由于 A 岩块的下沉与旋转,A_1 与 A_2 之间会发生旋转与滑移,A 岩块与相邻的 B 岩块之间会滑移,从而导致 B 岩块的剪切滑移失稳与台阶下沉。当煤柱处于整体突发破坏状态时,A 岩块将会成为工作面 B 岩块的一部分,向工作面采空区旋转失稳,高位亚关键层转化为低位亚关键层,如图 3-9(c)所示,这种情况是最危险的。

煤柱的破坏往往发生在工作面后方采空区中,因此,煤柱破坏诱发高位亚关键层失稳一般滞后于工作面开采,但 A 岩块在失稳过程中不断地与两侧 B 岩块产生剪切力,并同时造成 B 岩块的台阶滑移与台阶下沉,A 岩块的失稳所包含的岩层范围较大,释放的能量也高于低位亚关键层失稳释放的能量,这与现场微震监测的结果也是相吻合的。

2.低位亚关键层下沉诱发失稳

低位亚关键层在开采工作面顶板活动作用下,主要发生旋转失稳,在其下沉过程中,会带动上方部分岩层的协同下沉,第 4 章 FLAC3D 模拟工作面开采过程中相邻采空区中各关键层二次下沉量最大达到了 20 cm,高位亚关键层与主关键层二次下沉量最大则达到了 10 cm。在工作面推进至 20 m 时,各关键层同步下沉,推进低位亚关键层继续下沉,而高位亚关键层与主关键层则保持稳定,说明其结构尚能保持稳定。低位亚关键层下沉主要会引起高位 Ⅱ 区岩层,即 B 岩块的失稳。

3. A 岩块底部水平力剪切失稳

高位亚关键层两侧关键块 B 对断裂线之间 A 岩块施加反作用水平推力 T_1、T_2,作用点位于岩块底表面,此表面与下侧岩层之间的接触面符合莫尔-库仑破坏准则,则由 x 方向应力平衡方程可得 $\tau = \dfrac{T_1 - T_2}{S_1} = C' + \dfrac{Q}{S_2} \tan \phi'$,式中,$S_1$、$S_2$ 为上、下表面积;Q 为上表面所受垂直载荷;C'、ϕ' 为下部接触面黏聚力与内摩擦角。本区段工作面高位亚关键层处于向下破断运动时,由于其旋转作用,对底面的作用力越来越大,超出接触面强度准则后,将会沿底面发生剪切破坏,在铰接点出现结构的变形失稳,并发展成破裂面。破裂面的形成不但减弱了中间岩块所能提供的最大水平推力,并且允许两侧岩块 B 向中间发生位移,岩块 A 与 B 之间接触面积随岩块 B 的位移逐渐变小,从面接触过渡到点接触,因此 A、B 岩块之间的摩擦力减小,当剪切力超过摩擦力后,就会沿接触面滑移运动,滑移过程中伴随有岩层震动现象,形成剪切滑移型矿震,并且在高位亚关键层向下失稳运动过程中,会迫使下位岩层运动。

5.5　小结

基于"砌体梁"理论、"关键层"理论、弹性力学,分别对"OX"型、"F"型与"T"型空间结构工作面关键层破断失稳与结构失稳机理进行了研究,主要成果如下:

(1)针对"F"与"T"结构特点,根据断裂线位置,对覆岩关键层进行了分类,将覆岩空间结构中的关键层分为 3 类:① 低位亚关键层,两工作面关键层断裂线重合;② 高位亚关键层,两工作面关键层断裂线具有一定间距;③ 主关键层,上一区段尚未发生破断的关键层。

(2)基于弹性薄板理论,针对"OX"型、"F"型与"T"型空间结构工作面低位亚关键层所处的不同边界条件,将其作为四边固支、三边固支一对边简支、对边固支对边简支的弹性薄板,基于纳维解法思想,求解了不同边界条件的应力分布精确解。在四边固支条件下,当推进度小于或等于长边宽度时,长边正应力一直高于短边,在正方形时达到最大,然后长边应力开始下降,而短边应力持续上升;对于其他两种边界条件,长边应力变化趋势类似,但是最大值不是发生在推进度与长边宽度相等时,而是在推进度小于长边宽度时,最大值点向前移动。因此,低位亚关键层初次来压步距"T"结构＜"F"结构＜"OX"结构。

(3) 受煤壁支撑影响角的作用,"OX"结构由下至上可存在竖"OX"型—正"OX"型—横"OX"型的演化方式。短臂"F"覆岩空间结构则会有半"OX"型—竖"OX"型—正"OX"型—横"OX"型的演化方式,同时伴随着"F"臂覆岩空间结构失稳;长臂"F"覆岩空间结构则比短臂"F"覆岩空间结构多了主关键层的"OX"破断,由于两工作面采空区贯通后宽度较大,主关键层一般为竖"OX"破断。对称短臂"T"覆岩空间结构工作面为"O"型—竖"OX"型—正"OX"型—横"OX"型的演化方式,同时伴随着"T"臂结构失稳;对称长臂"T"覆岩空间结构则比对称短臂"T"覆岩空间结构多了主关键层的"OX"破断,由于两工作面采空区贯通后宽度较大,主关键层一般为竖"OX"破断;非对称"T"覆岩空间结构一侧关键层已经断裂,因此与对称长臂"T"覆岩空间结构不同,其主关键层会呈半"OX"型破断,即"O"型→竖"OX"型→正"OX"型→横"OX"型→半"OX"型。

(4) 对处于离层区的关键块稳定性,存在主动失稳与被动失稳两种模式。主动失稳即"S-R"稳定原理。被动失稳则是在上层关键层岩组的下沉与失稳压迫作用下的二次失稳。将上层关键层对下层"砌体梁"结构的作用转化为负载层厚度,成为等效负载岩层,则可以利用"S-R"稳定原理判断是否会发生被动失稳。被动失稳包括上层关键层的主动失稳与下层结构的受迫失稳两个过程,被动失稳一般导致下位结构呈整体滑落失稳,失稳速度快,厚度大、冲击力强,危险程度高于关键层的主动失稳过程。

(5) "F"型空间结构工作面,"F"臂结构(Ⅲ区)的失稳包括低位与高位亚关键层失稳,所处层位与边界条件不同,失稳机理不同。低位亚关键层"F"臂本质上是弧三角板在采动作用下的失稳,以旋转失稳模式为主。高位亚关键层"F"臂失稳的三个主要原因则是煤柱破坏、低位"F"臂失稳下沉、Ⅲ区岩层剪切破坏,以滑移失稳模式为主,低位与高位亚关键层"F"臂同样也存在被动压迫失稳。

(6) 存在巨厚主关键层时,层面剪切力不能忽略,巨厚主关键层一般不会整体破坏。当横向剪切力超过弱面强度时,首先会发生弱面剪切破坏导致分层,分层后的岩层满足薄板条件时,将以"F"模式破断。横向剪切力小于层间强度时,利用厚板理论分析表明,首先沿上表面拉破断,然后沿中面剪切,最后上表面发生"F"破断。即巨厚岩层的剪切破坏普遍存在,从第3章的相似材料模拟也可以看出,巨厚主关键层发生分层运动,剪切破坏也是造成大震动的重要原因。

6　煤矿覆岩空间结构失稳诱发冲击矿压机理

6.1　引言

冲击矿压经典机理可以分为两类:压力型(静载)和震动型(动载)。相应的研究出发点与侧重点可以分为三类:一是从研究煤岩体的物理力学性质出发,分析煤岩体失稳破坏特点以及诱使其失稳的固有因素;二是研究突出区域所处的地质构造以及变形局部化,分析地质弱面和煤岩体几何结构与冲击矿压之间的相互关系;三是研究工程扰动对煤岩体破坏与冲击矿压发生的作用机理。目前对压力型冲击矿压机理、影响因素研究较多,认识更为深入统一,而对震动型冲击矿压的研究则较少。然而,通过近几年的统计,以及微震监测系统的应用,相对于压力型冲击矿压,现场震动型冲击矿压其实更为普遍,尤其是顶板破断与结构失稳造成的压力-震动复合型冲击矿压,这种复合型冲击矿压破坏力强、影响范围广、预防难度大。覆岩关键层空间结构"OX—F—T"的形成演化与失稳,采空区范围的扩大,都将导致冲击震动的增多,以及随采深加大而增大的静应力场,更容易导致冲击矿压的发生。因此,煤矿覆岩结构失稳诱发冲击矿压的本质是复合型冲击矿压。压力-震动复合型冲击矿压发生过程如图6-1所示。

经文献查阅可知,国内外在动载诱发冲击失稳上的研究也取得了很多成果。如 D. R. Baumgardt[162] 研究了美国 Kirovskiy 矿爆破与冲击矿压及片帮的关系。姜耀东等[163] 研究了爆破震动诱发煤矿动力失稳的机理,指出爆破震动一方面增加了围岩的载荷,另一方面震动波在煤体中传播引起的局部应力差高于煤体抗拉强度时,煤体内就会发生断裂,断裂后的煤体形成新的自由面,对震动波进行反射,反射过程的进行导致了一系列大致平行的裂纹,最终诱发煤体失稳。李夕兵等[164] 则利用FLAC3D对深部矿柱在承受高静载应力时的动力扰动进行了模拟分析,研究表明动力扰动对矿柱的作用一部分转化为弹性能,一部分转化为塑性能,塑性能随动力峰值的增大而增加,加剧矿柱的破坏。卢爱红[165]、秦昊[166] 等研究表明应力波对巷道造成层裂屈曲,提出了巷道冲击的层裂板模型,并利用突变理论

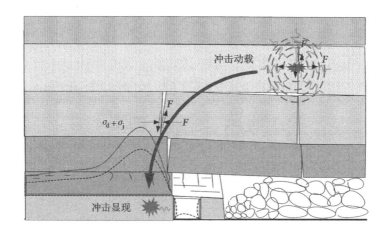

图 6-1　压力-震动复合型冲击矿压发生过程

分析了板的稳定性。上述研究成果大多基于爆破震动对煤岩稳定性的影响,而对于顶板尤其是顶板结构失稳诱冲机理则研究较少。本章将从顶板变形、结构失稳过程中进行煤体应力分析、能量分析、冲击波作用分析以及共振失稳分析,全面揭示覆岩空间结构失稳诱发复合型冲击矿压的机理。

6.2　覆岩空间结构破断对煤体应力分析

6.2.1　"OX"结构破断对煤体应力影响

工作面前方煤体中支承压力的来源是上覆岩层的载荷,支承压力曲线的分布形式与规律则是上覆岩层与煤体本构关系共同作用的结果[167]。随着工作面的推进,支承压力的峰值与影响范围会发生变化,引起这种变化的最主要原因是上覆各关键层变形、破断与来压。煤层作为上覆岩层的支撑体,如果简化为弹性地基,则煤层中垂直应力与其变形量成正比,即与顶板的变形量成正比。煤壁端承受着采煤工作空间上方悬露岩层大部分重量,应力集中系数可达到 3 以上。当基本顶处于稳定连续的变形状态时,煤层支承压力峰值将不断升高,而当基本顶发生破断以后,支承压力将会发生突变,因此,煤壁前方支承压力分布将随着基本顶状态的变化而动态地变化。由第 4 章中数值模拟可以看出,不管工作面宽度如何,处于何种空间分布状态,从开切眼开始,随着推进度的加大,顶板悬露面积扩大,支承压力峰值加大,达到最大值后,应力集中系数开始下降,并呈波动性变化,体现了上覆关键层的周期来压。"OX"结构对煤层支承压力的影响如图 6-2 所示。

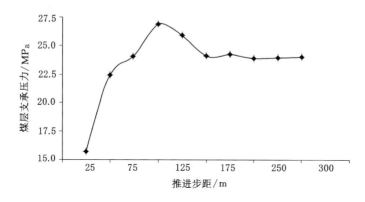

图 6-2 "OX"结构对煤层支承压力的影响

6.2.2 "F"结构失稳对煤体应力影响

"F"结构的稳定性主要受离层结构区中关键岩块的控制,在转角 θ_1 较小时可能形成滑落失稳,在转角 θ_1 较大时,铰接点挤压破碎形成转动失稳,即服从"S-R"稳定理论。以往多以关键块为研究对象,对结构平衡条件研究非常多,而对平衡结构对煤体的作用研究不多。"F"结构关键块受力分析如图 6-3 所示。

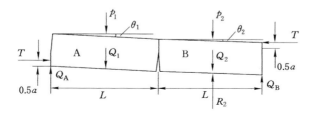

图 6-3 "F"结构关键块受力分析

工作面前方煤壁受到岩块水平挤压力 T 和垂直摩擦剪力 Q_A 作用,计算公式如下[61]:

$$T = \frac{p_1 + Q_1}{i - \dfrac{1}{2}\sin\theta_1} \tag{6-1}$$

$$Q_A = \frac{4i - 3\sin\theta_1}{4i - 2\sin\theta_1}(p_1 + Q_1) \tag{6-2}$$

式中　　i——岩块的厚度 h 和长度 L 之比;

　　　　θ_1——岩块的转角;

p_1——关键块 A 上的载荷；

Q_1——关键块 A 上的自重。

由式(6-1)、(6-2)，岩块对煤壁作用力随上覆载荷 p_1 增加而增大，同时受岩块 A 的转角 θ_1 以及块度 i 的影响。图 6-4 为块度 i 分别为 0.1、0.2、0.3 时，关键块对煤壁正上方垂直向和水平向作用力 Q_A、T 与载荷 p_1 的关系。

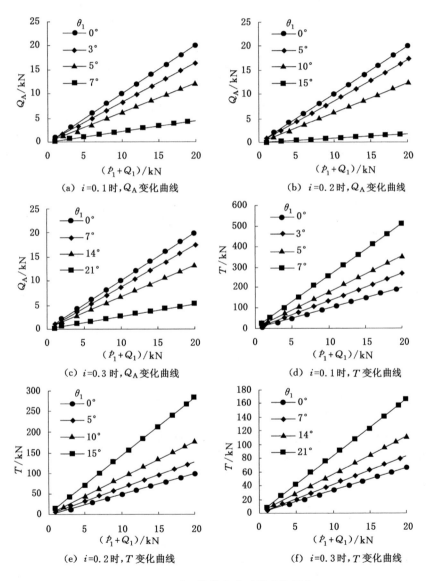

图 6-4　"F"结构失稳对煤壁作用力

可以看出,随着关键块载荷增加,Q_A、T 均线性增大,在载荷增加过程中关键块产生转动直至发生转动变形失稳;随着 θ_1 的增大,Q_A 逐渐减小,T 急剧增大。关键块承受的载荷 p_1 在增大过程中,煤壁受到关键块的载荷 Q_A、T 均先增大,到关键块失稳时,Q_A、T 发生突降或消失,失稳岩层将作为载荷对下一层岩层结构产生加载。各岩层对煤壁产生水平向和垂直向的加卸载作用,且随着失稳的岩层越靠近煤层,加卸载作用对煤壁附近产生的影响就越剧烈,此过程中工作面前方煤体受力状态为水平向和垂直向循环载荷逐步增大的循环加载过程。在此过程中煤体损伤逐步积累,稳定性逐步下降,而煤体载荷逐渐增大,当载荷超过煤体稳定极限载荷时,在巷道及工作面自由空间将产生冲击矿压灾害。

6.3 覆岩结构变形破断过程中能量分析

上覆各关键层在破断和失稳垮落的过程中,一方面会引起下方煤岩体应力明显增高,另一方面聚集在煤岩体中的弹性能与关键层断裂破坏释放的能量相互叠加,引起大规模的矿震或冲击矿压。由第 5 章的分析,上覆关键层结构存在主动与被动失稳,因此,考虑最危险的情况,即关键层主动失稳后会导致下方岩层结构的被动失稳,则关键层释放的能量为:

$$U = \iiint_V U_1 \mathrm{d}V = \iiint_V \sum_{i=1}^n \left[U_{Vi} + \frac{1}{2}\rho_i \left(\frac{\mathrm{d}u_i}{\mathrm{d}t}\right)^2 + \rho_i g u_i \right] \mathrm{d}V \qquad (6\text{-}3)$$

式中　n——随关键层破断岩层总数;

$\quad\quad u_i$——岩层运动的位移;

$\quad\quad U_V$——岩层中存储的弹性应变能,$U_V = \dfrac{(1-2\mu)(1+2\lambda)^2}{6E}\gamma^2 H^2$;

$\quad\quad \lambda$——平均水平主应力与垂直应力比值;

$\quad\quad \rho_i$——第 i 岩层密度;

$\quad\quad g$——重力加速度。

式(6-3)中第一项为顶板岩层弹性应变能;第二项表示顶板破断过程中的动能;而第三项为破断后结构失稳向下运动的重力势能。

以华亭煤矿 250102 工作面为例,假设顶板岩层 $\rho_i = 2\,500$ kg/m³,$g = 10$ m/s²,宽度 $b_i = 100$ m(工作面端头不充分垮落),长度为 $L_i = 20$ m,参与岩层运动的总厚度为 200 m,$u_i = 1$ m,$E = 20$ GPa,$\mu = 0.25$,埋深为 400 m,不考虑第二项的影响,可估算一个周期覆岩主、被动失稳过程释放的能量为 13.37×10^{10} J。而覆岩释放的总能量中约有 $0.1\% \sim 1\%$ 以矿震的形式释放,此过程中矿震监测到的能量为 $10^7 \sim 10^8$ J 量级。5 月 23 日至 29 日一个周期中实际监测到

的矿震能量为 0.8×10^7 J,与估算值接近。由观测可知,如此大的能量足以形成冲击灾害,尤其当能量集中释放,形成高能级矿震时,更易发生冲击矿压。因此,当覆岩运动向上发展至高层位关键层时,高层位关键层发生断裂,并且不能满足稳定性条件,主动失稳的同时,造成下位关键层结构被动失稳,这种大范围覆岩运动是冲击矿压高危险期,也是冲击矿压监测预警的重点关注期,应该首先分析岩层结构,判断稳定性,并结合微震监测系统,通过监测震源的空间发展过程,评价覆岩的破断程度与发展趋势,从而判断冲击矿压危险性。

6.4 覆岩空间结构震动波冲击分析

6.4.1 覆岩空间结构失稳震动机理与过程

如前所述,覆岩空间结构失稳诱发冲击矿压的本质是动静复合型,因此,覆岩破断及失稳过程中产生的强烈震动波作用是非常重要的。震动波对煤岩体施加动载荷,从而导致处于极限应力状态的煤岩体系统失稳破坏。岩层破裂过程中的震动效应是普遍存在的,S. J. Gibowicz 等[136]提出了地下开采诱发震动的六种模型或机理,分别为岩层冒落、矿柱冲击破坏、顶板岩层拉破断、正断层滑移、俯冲断层滑移以及近水平的浅俯冲断层滑移。对于采场覆岩而言,除了顶板岩层的拉破坏产生震动,同时顶板岩层结构的转动失稳与滑移失稳同样产生震动。曹安业[131]通过建立不同煤岩震动的震源等价力模型,就煤矿常见的震动类型给出了震动波场特征。

因此,对于"OX"型空间结构工作面而言,顶板产生震动的过程为:煤壁内基本顶岩层拉破断→基本顶岩层旋转挤压→基本顶岩层剪切滑移失稳→高位关键层拉破断→高位关键层关键块失稳,诱发低位岩层被动失稳。这样一个循环结束,称之为顶板岩层震动循环。初次震动循环完成后,将相继发生周期震动循环,如图 6-5(a)~(d)所示。

对于"F"型空间结构工作面而言,顶板产生震动的过程包括"F"结构体失稳震动与"F"结构臂失稳震动,具体过程为:煤壁内基本顶岩层拉破断→基本顶关键块旋转挤压→"F"臂低位亚关键层旋转失稳→基本顶关键层剪切滑移失稳→高位关键层拉破断→高位关键层关键块失稳→"F"臂高位亚关键层滑移失稳→诱发低位岩层被动失稳。短臂"F"覆岩空间结构工作面循环结束,而长臂"F"覆岩空间结构还包括主关键层破断过程(破断模式可参见第 5 章),同样初次震动循环完成后,将相继发生周期震动循环,如图 6-5(a)~(h)所示。

"T"型空间结构工作面顶板震动循序包括"T"结构体失稳震动与"T"结构

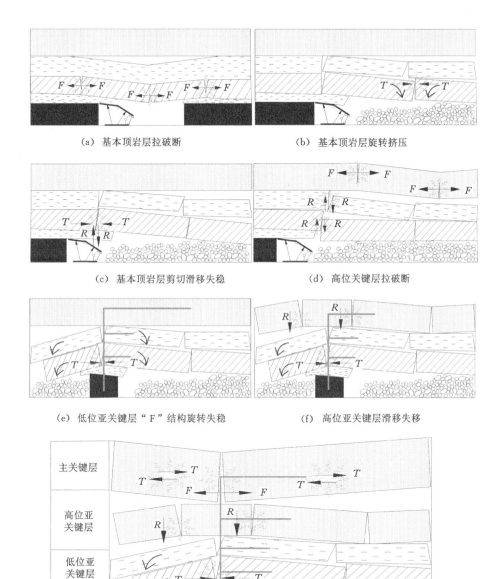

(a) 基本顶岩层拉破断　　　　　　　　(b) 基本顶岩层旋转挤压

(c) 基本顶岩层剪切滑移失稳　　　　　(d) 高位关键层拉破断

(e) 低位亚关键层"F"结构旋转失稳　　(f) 高位亚关键层滑移失移

(g) 长臂"F"结构主关键层失稳

图 6-5　覆岩破断运动诱发矿震的过程[(a)～(d)为走向剖面,(e)～(g)为倾向剖面]

臂失稳震动,则与"F"型空间结构工作面类似,所不同的是工作面两侧结构均发生失稳。

6.4.2 覆岩空间结构震动波冲击破坏煤体机理

覆岩破断与空间结构失稳过程中产生震动波,一般可以看作弹性应力波,当应力波传播至煤体时,一方面会与煤体所受载荷矢量叠加,增加煤体的静载峰值;另一方面在煤体中传播时会发生反射,导致应力性质的转化,形成拉应力,压应力与拉应力的转换极易损伤煤体,形成层裂。结合图 6-1,煤层上方顶板岩层发生断裂,产生的震动波传播到下方煤岩体中,取单位煤体为研究对象进行分析,建

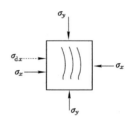

图 6-6　煤体震动波冲击破坏模型

立如图 6-6 所示的煤体震动波冲击破坏模型,将矿震动载简化为有三角形脉冲组成的一维应力波。

震动波冲击煤体具有以下过程与作用。

1. 致裂作用

在冲击动载发生之前,在高原岩应力与支承压力作用下,自由空间附近 σ_y 远高于 σ_x,煤体中极易形成断裂面,并加剧煤体损伤程度,极端情况下,将会出现层裂板结构[168]。当冲击动载达到煤体后,设冲击震动波为三角脉冲波,在不同层面发生反射,形成静拉力区,距离反射面一半波长处,拉应力 $\bar{\sigma}_t$ 将达到最大,在此过程中,满足:

$$\bar{\sigma}_t \geqslant \sigma_t' = \sigma_t/(1-D) \tag{6-4}$$

式中:$\bar{\sigma}_t$ 为某一时刻冲击动载;σ_t 为煤体极限抗拉强度;D 为静载作用后煤体损伤参量。煤体发生层裂,即冲击动载的反射卸载断裂效应。当脉冲应力波作为时间的函数,将入射震动脉冲表示成通过任一截面的时程曲线 $\bar{\sigma}(t)$ 的形式,设以脉冲波阵面达到该截面的时间作为时间起点 $t=0$,对于三角形脉冲波:

$$\bar{\sigma}(t) = \bar{\sigma}_m \left(1 - \frac{Ct}{\lambda}\right) \tag{6-5}$$

式中:$\bar{\sigma}_m$ 为脉冲应力峰值;λ 为脉冲波长;C 为波速。在距离自由表面 δ 处满足最大拉应力破坏准则,则:$\bar{\sigma}(0) - \bar{\sigma}\left(\dfrac{2\delta}{C}\right) = \sigma_t'$。

2. 冲击作用

煤体在冲击应力载荷作用下,不但会发生层裂破坏,而且形成的层裂结构具

有一定的速度,因此具有冲出的动能。煤壁内首次层裂厚度的表达式为:

$$\delta = \frac{\lambda}{2} \cdot \frac{\sigma'_t}{\bar{\sigma}_m} \tag{6-6}$$

入射脉冲施加于碎片的动量为:

$$\rho \delta v_f = \int_0^{2\delta/C} \bar{\sigma}(t)\mathrm{d}t = \frac{2\delta}{C} \cdot \left(1 - \frac{\delta}{\lambda}\right)\bar{\sigma}_m \tag{6-7}$$

式中:ρ 为煤体碎片的密度;δ 为反射拉伸脉冲波阵面离开煤壁的距离;v_f 为煤块速度,即:

$$v_f = \frac{2\bar{\sigma}_m - \sigma'_t}{\rho C} \tag{6-8}$$

单位煤体所具有的动能为:

$$E_b = \frac{1}{2}\rho v_f^2 = \frac{1}{2\rho}\left(\frac{2\bar{\sigma}_m - \sigma'_t}{C}\right) \tag{6-9}$$

煤壁层裂产生的层裂碎片所具备的动能大小决定了煤块弹射、岩爆发生的强度。

3. 闭锁作用

矿震动载的持续时间一般在 2 s 左右,而与煤体作用发生致裂用时则更短,根据式(6-6)可得发生层裂的时刻为反射发生后的时间 t_1:

$$t_1 = \frac{\delta_1}{C} = \frac{\lambda}{2C} \cdot \frac{\sigma'_t}{\bar{\sigma}_m} \tag{6-10}$$

例如,设煤矿震动波波速平均在 4 000 m/s,冲击动载为 5 MPa,煤体抗拉强度为 1 MPa,震动频率为 20 Hz,则震动波达到反射面后形成层裂厚度 δ_1 为 20 m,层裂发生的时间 t_1 为 5 ms。在如此短的时间内,煤体所受的支承压力还来不及变化,被闭锁在 20 m 层裂面以内,结果导致 20 m 范围内的煤体承载着高支承压力,煤岩体破坏所消耗的能量降低,转化为动能部分增大,超过冲击矿压最小动能后,即会造成冲击动力显现。

4. 共振作用

以上分析可知,震动波会造成煤体的层裂板结构,如果层裂板形成后,震动波尚未结束,虽然此时的震动波应力峰值较低,不能形成新的层裂板,但是震动波依然能够造成层裂板的受迫震动,当动载荷频率接近板的固有基频时,板的弯矩幅值和挠度幅值都将急剧增加,即发生共振现象。为了防止共振现象的发生,必须时动载荷频率要远离板的固有基频,因此,得到板的固有频率或者近似故有频率则是十分必要的。

基于能量原理的 Rayleigh 法是板固有频率近似解法中最常用的,当薄板以

某一频率 ω 与振型 $W(x,y)$ 自由振动时，其扰度可以写成[160]：

$$w = (A\cos\omega t + B\sin\omega t)W(x,y) \tag{6-11}$$

薄板经过平衡位置为初始时刻，$t=0$，即 $w_{t=0} = AW(x,y) = 0$，则 $A=0$。将常数 B 归入 $W(x,y)$，则式(6-11)简化为：

$$w = W(x,y)\sin\omega t \tag{6-12}$$

假设薄板没有静载作用，薄板的平衡位置为无挠度平面状态。当薄板距离平衡距离最远时，挠度达到最大值，速度为零，此时薄板的动能为零而应变能最大。最大应变能为：

$$U_{\max} = \frac{D}{2}\iint\limits_{\Omega}\left\{(\nabla^2 W)^2 - 2(1-\mu)\left[\frac{\partial^2 W}{\partial x^2}\frac{\partial^2 W}{\partial y^2} - \left(\frac{\partial^2 W}{\partial x\partial y}\right)^2\right]\right\}\mathrm{d}x\,\mathrm{d}y \tag{6-13}$$

薄板在平衡位置时，应变能为零，动能取得最大值，动能为：

$$T_{\max} = \iint \frac{1}{2}\overline{m}\left(\frac{\partial\omega}{\partial t}\right)^2\mathrm{d}x\,\mathrm{d}y = \frac{\omega^2}{2}\iint\overline{m}W^2\mathrm{d}x\,\mathrm{d}y \tag{6-14}$$

式中　$\overline{m}$——板单位面积质量。

根据能量守恒定律有：

$$U_{\max} - T_{\max} = 0 \tag{6-15}$$

从而可以解出弹性板的固有频率 ω。

对于四边固支的矩形薄板，如图 5-1 所示的模型，可设满足位移边界条件的振型函数为：

$$W = (x^2 - a^2)^2(y^2 - b^2)^2 \tag{6-16}$$

将式(6-16)依次代入式(6-13)~式(6-15)可以得到固支条件下板的固有频率为：

$$\omega = \frac{\sqrt{\dfrac{63}{2}\left(a^4 + b^4 + \dfrac{4}{7}a^2 b^2\right)}}{a^2 b^2}\sqrt{\frac{D}{m}} \tag{6-17}$$

对于四边简支的板，设振型函数为：

$$W = \sum_{m=1}^{\infty}\sum_{n=1}^{\infty}C_m\sin\frac{m\pi x}{a}\sin\frac{n\pi y}{b} \tag{6-18}$$

将式(6-18)依次代入式(6-13)~式(6-15)，并取 $m=1$，$n=1$，可以得到四边简支条件下板的最低固有频率为：

$$\omega = \pi^2\left(\frac{1}{a^2} + \frac{1}{b^2}\right)\sqrt{\frac{D}{m}} \tag{6-19}$$

可见，固有频率和板的抗弯刚度的开方成正比，即与弹性模量和板厚度成正相关关系，如果煤壁中不存在层裂板，即可以看作板厚 $h \to \infty$，则 $\omega \to \infty$，这种情况下,外来震动波是不能诱发煤体系统的共振失稳的。举例说明:煤矿巷道高度一般为 3 m 左右,令 $a=b=3.0$ m,煤体弹性模量 $E=3.0$ GPa,泊松比 $\mu=0.3$,密度 $\rho=1\,300$ kg/m³,板的厚度 $h=1.0$ m,代入式(6-17)与式(6-19)可得四边固支与简支条件的频率分别为 27.2 Hz 和 335.7 Hz,通过现场微震监测结果,顶板岩层震动波频率主要集中在 0~50 Hz,主频在 20~30 Hz 范围内,并且顶板越坚硬,频率越低,顶板越软,频率越高[127],当满足共振条件时,煤体层裂板的挠度、弯矩以及应力都达到最大值,而且从弹性系统稳定性理论角度,此时系统最易失稳。一般情况下,为了防止共振的发生,要求板的固有频率远高于外部动载频率,所以对煤层而言,如果能够通过一定的措施(如加强支护、注浆等)防止层裂的出现,则板的频率会远高于矿震能量;不能阻止层裂板形成时,应使板处于简支状态,简支条件下最低频率约是四边固支的 12 倍,此时可以采取的措施为煤体卸压爆破,形成破碎保护带。

6.5 顶板覆岩破断失稳诱发冲击机理

由以上分析可知,顶板覆岩在变形破断过程中会增加煤体中的应力、能量,震动波会造成煤体的层裂、冲击与共振,这些因素与煤体的静载应力场以及弹性应变能场叠加后,满足了冲击矿压发生的条件即会造成煤岩体的冲击破坏。实际上,覆岩顶板的每一个单项影响对冲击矿压的发生都具有重要影响。因此,建立一个综合函数来表示各影响因素对冲击矿压的作用:

$$F(K)=F(\sigma,E,I)=F(K_1,K_2,K_3) \tag{6-20}$$

式中:应力因素 $F(\sigma)$ 用 $F(K_1)$ 表示;能量因素 $F(E)$ 用 $F(K_2)$ 表示;震动波冲击因素 $F(T)$ 用 $F(K_3)$ 表示。

当 $F(K)>1$ 时,表示发生冲击矿压;当 $0 \leqslant F(K)<1$ 时,表示不会发生冲击矿压;当 $F(K)=1$ 时为临界状态。$F(K)$ 值的大小反映了在顶板覆岩结构失稳的作用下,煤体发生冲击矿压的判据与程度。

$K_i(i=1,2,3)$ 表示冲击发生的应力系数、能量系数与震动冲击系数,分别代表了冲击矿压机理的强度理论、能量理论以及震动冲击效应。其中,$K_i=0$ 表示第 i 个因素无影响;$0<K_i<1$ 表示在第 i 个因素影响下,煤体处于稳定阶段;$K_i=1$ 表示第 i 个因素达到了临界状态,是冲击矿压的孕育与发展阶段;$K_i>1$ 则表示在第 i 个因素的作用下,冲击矿压发生。

令 $F(K)=\max K_i, i=1,2,3$。

其中:

$$K_i = \frac{\sum\limits_{j=1,2} \sigma_{j\max}}{R}, K_2 = \frac{\sum\limits_{j=1,2} E_{jE} - E_p}{E_{K\min}}, K_3 = \frac{\omega}{\omega_0} \tag{6-21}$$

式中　$\sigma_{j\max}$——煤体中应力最大值;

$\sigma_{1\max}$——静载应力最大值;

$\sigma_{2\max}$——外部动载最大值($\sigma_{1\max}$ 与 $\sigma_{2\max}$ 为矢量叠加,因此,$\sigma_{2\max}$ 是使矢量叠加达到最大的动载荷分量);

R——发生冲击矿压的临界应力,安全起见,一般令 R 为煤体的强度;

E_{jE}——煤体与围岩系统存储的弹性能与覆岩震动弹性能之和;

E_p——克服煤体破坏消耗的能量,包括克服摩擦内能、塑性变形耗散能、各种辐射能等;

$E_{K\min}$——煤体冲击破坏所应具备的最低动能。单位体积的煤体,$E_{K\min} = \frac{1}{2}\rho v_0^2$,研究表明[15]:煤体速度 $v_k < 1$ m/s 时,不可能发生冲击矿压;$v_k \geqslant 10$ m/s 时,一定是冲击矿压,因此,1 m/s $< v_0 \leqslant 10$ m/s;

ω——覆岩震动波的优势频率,为一范围;

ω_0——煤层中板结构固有频率。

对于 K_3 而言,若 $\omega > \omega_0$,说明顶板覆岩震动频率高于煤层层裂板频率,$K_3 = 0$。根据地震学理论[136],一般岩体破裂尺度越小,频率越高,能量越小,即可以忽略其对煤体的影响。上节分析顶板覆岩震动波对煤体的作用有致裂、冲击、闭锁、共振四个方面的影响,而 K_3 只包括了共振方面的影响,实际上前三个方面的影响已经包含在 K_1、K_2 中。因此,K_1、K_2、K_3 包含了覆岩失稳诱发复合型冲击矿压的最主要影响因素。

将式(6-21)代入式(6-20)可得:

$$F(K) = F(K_1, K_2, K_3) = 1 - (1 - K_1)(1 - K_2)(1 - K_3) = 1 - \prod_{i=1}^{3}(1 - K_i)$$

$$= 1 - \left(1 - \frac{\sum\limits_{j=1,2} \sigma_{j\max}}{R}\right)\left(1 - \frac{\sum\limits_{j=1,2} E_{jE} - \sum E_p}{E_{K\min}}\right)\left(1 - \frac{\omega}{\omega_0}\right) \tag{6-22}$$

由此可见,对于覆岩运动失稳造成的复合型冲击矿压,其发生机理可以是应力、能量与冲击波单独作用,也可以是两种及以上形式的复合作用,上式包含了冲击矿压发生的充分必要条件。式(6-22)有以下 4 点含义:

(1)覆岩破断与失稳产生的应力波与煤体中静载应力叠加,超过煤体冲击的临界值时发生冲击,此时冲击震源为煤体。

(2)采场或巷道周边一部分煤体处于塑性或者破碎区,可看作松脱体,覆岩破断与失稳震动波能量对这部分煤体的作用为松散抛掷,巷道短时间内变形,此时冲击震源为覆岩。

(3) 煤体在覆岩震动波作用下形成层裂结构,尚能保持稳定,但震动波与层裂板形成共振,导致板的整体失稳,表现为冲击,此时冲击震源为覆岩与煤体。

(4) 以上三种的组合。

实际上,冲击矿压发生的机理十分复杂,各影响因素之间有时是相互联系,相互作用,或相互包含的,并不是独立事件,但是,复杂事件的机理研究,应该首先抓主要矛盾,然后再完善次要矛盾。从以上分析,总结复合型冲击矿压的机理如下:

(1) 由于采深、地质构造、顶板变形的影响使采掘周围煤体静载应力高度集中,当达到冲击矿压发生的最小应力后,煤体呈冲击式破坏,冲击矿压发生。

(2) 煤体静载应力集中程度较高,但是尚未超过煤岩体极限强度,顶板覆岩破断与失稳过程中产生的震动波的动载与静载叠加后超过煤岩体强度,从而导致煤岩体冲击破坏,冲击动载起到了诱发作用。

(3) 煤体静载应力集中程度不高,但覆岩震动波能量大,当震动波传播至煤体后,经过致裂、冲击作用后,导致煤岩体突然动态冲击破坏,冲击动载起到了主导作用。

(4) 不管冲击过程中是静载主导-动载诱发模式,还是动载主导冲击模式,从能量角度考虑,均可解释为煤岩体中的弹性能与覆岩震动能叠加后,一部分消耗消耗于破坏煤岩体,一部分消耗辐射耗散,而另外一部分则转化为煤体的动能,当煤体的速度达到冲击矿压的临界值后,即发生冲击矿压显现。

(5) 煤体在高静载应力场作用下,形成了一系列层裂板结构,层裂板尚能够保持稳定,在震动波作用下,层裂板发生共振失稳,导致系统在极短时间内的整体性失稳,表现为冲击矿压。

6.6 动静组合加载作用下煤体破坏的数值模拟分析

6.6.1 覆岩震动载荷的传播以及对巷道的冲击效应规律

本章将利用 FLAC3D 建立模型,岩层与参数与第 4 章相同,但是为了提高运算速度,将模型适当缩小,模型尺寸为 100 m×100 m×107 m,节点个数为 26 073 个,单元数为 22 200 个,同样采用莫尔-库仑强度准则,底部固支,四边简支。距离左边界 40 m 位置开挖巷道,巷道尺寸为 4 m×4 m,距离巷道 4 m 开挖工作面至右边界,如图 6-7(a)所示。动载荷的输入,选择现场 SOS 记录的震动波形,单位为速度,如图 6-7(b)所示。动力计算的边界为底部设置静态边界,四周为自由场边界,系统阻尼采用局部阻尼,阻尼值为 0.157。

煤矿覆岩空间结构型冲击矿压诱发机制研究

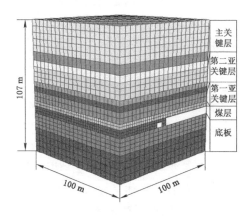

（a）三维数值模型

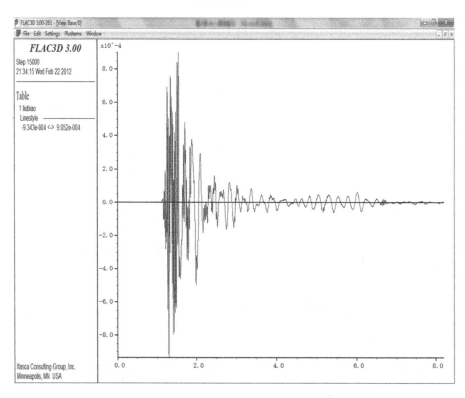

（b）动载荷震源时程曲线

图 6-7　震动载荷三维模型与震源曲线

　　首先开挖采空区,计算平衡后,在主关键层中部,水平距离煤柱 20 m 处施加动载荷。震动波传播到巷道后,立即产生应力增量,巷道垂直应力急剧增大,主要体现在顶板水平应力及左右帮的垂直应力上。顶板垂直应力达到 20 MPa 时,巷道左帮和右帮煤层在动载扰动下瞬间峰值垂直应力分别为 48 MPa、37 MPa,而底板垂直应力却不大,仅为 20 MPa。图 6-8 所示为巷道周边质点震动加速度与速度图。巷道左、右帮震动加速度与速度均大于顶、底板,其中右帮震动速度达到 2.0 m/s,震动加速度达到 600 m/s²。由此可见,动载作用下,巷道实体煤一侧垂直应力最大,而变形量则是采空区一侧更大,所以对采空侧应加强支护。

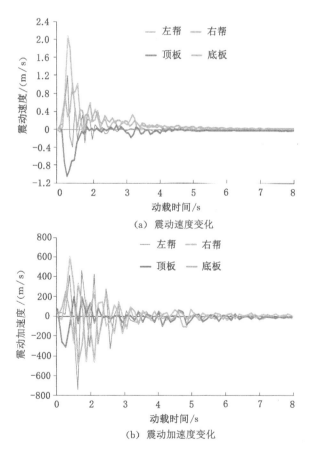

(a) 震动速度变化

(b) 震动加速度变化

图 6-8　顶板震动波对巷道冲击破坏效应

　　同时,震源位置、震源能量以及震源与巷道之间的岩层性质对巷道矿压显现影响很大。如图 6-9 所示为不同震源距离与动载峰值情况下震动速度变化图,可以看出:随着震源距巷道距离的加大,震动速度急剧下降,但随着震源距巷道距离的加大,衰减程度降低;而随着动载峰值的加大,顶板与右帮的震动速度均线性增加,但是增加幅度不大,动载峰值从 10 m/s 增大到 35 m/s,而震动速度只增大了 40%。

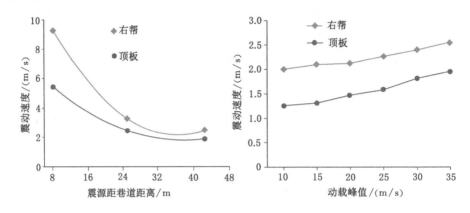

图 6-9　不同震源距离与动载峰值情况下巷道震动速度变化图

综上所述,可以看出顶板震动动载对巷道变形与破坏规律:巷道震动速度与震源峰值(能量)正相关,与震动波传播距离负相关,与震动波传播过程中煤岩介质的强度与完整性正相关。对沿空巷道而言,实体煤一侧应力更为集中,沿空侧巷道变形量与震动速度却大于实体煤一侧。

煤柱动静组合加载三维模型与震源曲线

但是,目前对于动静载荷之间的耦合作用下煤岩体的破坏分析还不够深入。依据前节的分析可知,空间结构失稳诱发冲击矿压的本质为动静载作用下的煤体动力破坏,因此,还需要对不同动静载组合作用煤体的破坏进行分析。选取长、宽、高分别为 5 m×5 m×10 m 的煤柱作为研究对象,均匀划分网格,单元数为 2 000 个。煤柱动静组合加载三维模型与震源曲线如图 6-10 所示。

模型本构方程为莫尔-库仑强度准则,边界条件为底部固支,施加动载为动力黏滞边界,上部加载。考虑到实际开采时,煤柱处于三向应力状态,因此,本次模拟煤柱力学参数适当放大。动静组合加载试验煤柱力学参数如表 6-1 所列。

表 6-1　动静组合加载试验煤柱力学参数

密度/(kg/m)³	体积模量/GPa	剪切模量/GPa	抗拉强度/MPa	黏聚力/MPa	内摩擦角/(°)
1 340	10.0	7.5	2.5	6.3	32

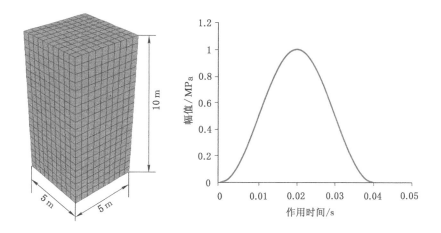

图 6-10　煤柱动静组合加载三维模型与震源曲线

对于动载的模拟，Prugger 等[169]认为，煤岩震动在集中应力作用下的震源过程可用一平滑的余弦时间函数进行近似表达，即：

$$A(t) = \begin{cases} \dfrac{1}{2} A_0 [1 - \cos(2\pi t/\tau)], & t_0 < t < \tau + t_0 \\ 0, & t < t_0 \ 或 \ t > \tau + t_0 \end{cases} \tag{6-23}$$

式中　A_0——脉冲最大应力的振幅峰值；

　　　τ——脉冲宽度，$\tau = 1/f$，f 为震动频率；

　　　t_0——震源脉冲起始时间。

本次模拟，取 $t_0 = 0$ s，$f = 25$ Hz，模拟方案为：静载分别为 10 MPa、15 MPa、18 MPa、20 MPa；动载峰值 A_0 分别为 10 MPa、15 MPa、20 MPa、25 MPa 与 30 MPa，共 20 个模拟方案。模拟过程中，监测煤柱中的应力与塑性区发展作为对比指标。

6.6.2　煤柱动静组合加载条件下煤柱应力分布与破坏特征

图 6-11 为静载为 10 MPa[为抗压强度的 40%（抗压强度为 10 倍的抗拉强度）]，动载峰值为 10 MPa 与 30 MPa 时应力分布与塑性区特征。当只施加静载时，煤柱中没有塑性破坏，保持稳定。施加动载后，即使动载峰值达到 30 MPa，此时煤柱顶部的最大应力为 40 MPa，为 1.6 倍的抗压强度，但是煤柱依然保持弹性状态，没有发生破坏。在动载逐渐增大的过程中，各监测点的应力峰值均线性增大，但是由于存在阻尼与耗散，最大值稍小于静载与动载之和。动载作用结

束后,各监测点的应力恢复到静载状态。应力波在煤柱中的衰减很大,并且不是均匀衰减,而是指数型衰减,首先迅速衰减,然后越来越慢。应力云图则显示了动力计算完成后,煤柱中心剖面的应力状态。可以看出,虽然各监测点的应力时程曲线特征是类似的,但是最终应力分布却大不相同,动载为 10 MPa 时在中上部存在一个高应力核区,而在动载为 30 MPa 的情况下,此处分化为两个高应力核区,应力值稍高,但不明显。

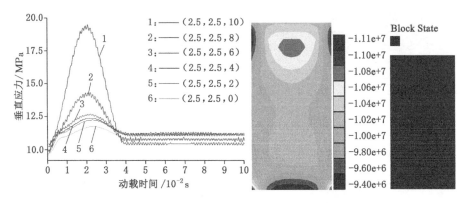

(a) 静载 10 MPa、动载峰值 10 MPa 时应力分布与塑性区特征

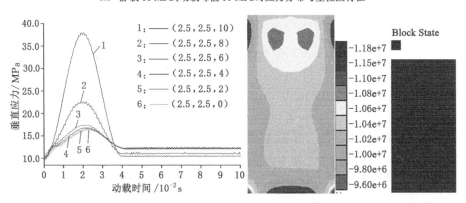

(b) 静载 10 MPa、动载峰值 30 MPa 时应力分布与塑性区特征

图 6-11　静载 10 MPa 时煤柱中应力分布与塑性区特征

图 6-12 为静载 15 MPa(抗压强度的 60%),动载峰值为 10 MPa 与 20 MPa时煤柱中应力分布与塑性区特征。与静载为 10 MPa 时的情况类似,只施加15 MPa 静载时,煤柱中没有塑性破坏,保持稳定。施加动载后,动载峰值为10 MPa 与 15 MPa 时煤柱没有发生塑性破坏,各监测点应力时程曲线与静载时

大致相同。当动载峰值为 20 MPa 时,煤柱开始出现塑性破坏,即静载为 15 MPa时,动静组合加载到 35 MPa 时,煤柱出现破坏,相比静载为 10 MPa 时降低了至少 5 MPa,出现塑性区后,随着动载峰值的提高,塑性区范围急剧扩大。应力时程曲线特征与开始时相比发生了变化,除顶部的 1 号监测点,其余监测点应力曲线呈现双峰特征,并且动载作用结束后,1 号监测点应力并没有恢复到原始静载水平,低于其他各监测点。可见,静载的提高,会降低煤体破坏所需的动静载组合应力水平。冲击结束后,弹性状态时应力云图的分布则与静载为 10 MPa时的情况类似,而等到塑性区出现后,高应力核区变为低应力核区,四周为高应力区域。

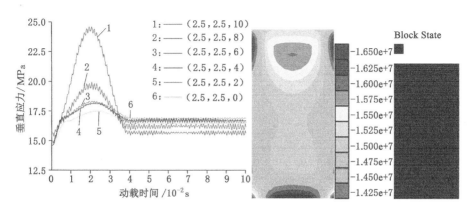

(a) 静载 15 MPa、动载峰值 10 MPa时应力分布与塑性区特征

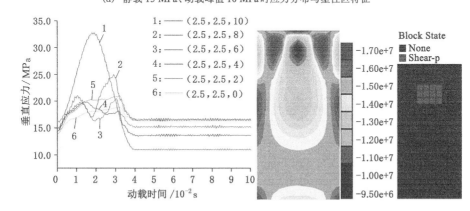

(b) 静载 15 MPa、动载峰值 20 MPa时应力分布与塑性区特征

图 6-12 静载 15 MPa 时煤柱中应力分布与塑性区特征

图 6-13 为静载 18 MPa(抗压强度的 72%),动载峰值为 10 MPa 与 30 MPa 时煤柱中应力分布与塑性区特征。只施加 18 MPa 静载时,煤柱同样没有塑性破坏,保持稳定。但是在施加 10 MPa 动载后,煤柱开始出现塑性破坏,以剪切破坏为主,同时还出现了拉破坏。也就是说动静组合加载到 28 MPa 时,煤柱出现破坏,相比静载为 15 MPa 降低了 7 MPa,并且塑性区面积远大于静载 15 MPa+动载 20 MPa 的组合情况,并且大于静载 15 MPa+动载 30 MPa 的组合情况,当动载增加到 30 MPa 时煤柱几乎完全破坏。静载的提高,不但降低了破坏煤体所需的动载值,同时放大了动载破坏程度。时程曲线特征与开始时相比发生了变化,除顶部的 1 号监测点,其余监测点应力曲线呈现双峰特征,并且底部应力出现峰值时间往后推迟。冲击结束后,应力云图的分布整体上与静载为 15 MPa 出现塑性破坏时类似,不同的是高应力区域的范围减小,低应力区域的范围扩大。

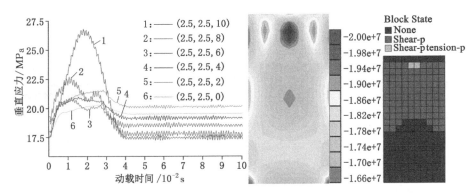

(a) 静载 18 MPa、动载峰值 10 MPa 时应力分布与塑性区特征

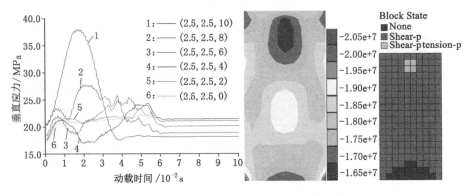

(b) 静载 18 MPa、动载峰值 30 MPa 时应力分布与塑性区特征

图 6-13　静载 18 MPa 时煤柱中应力分布与塑性区特征

图 6-14 为静载 20 MPa（抗压强度的 80%），动载峰值为 10 MPa 与 30 MPa 时煤柱中应力分布与塑性区特征。施加 20 MPa 静载时，煤柱已经出现了塑性破坏，但范围很小。施加 10 MPa 动载后，煤柱大面积破坏，破坏范围大于静载 18 MPa＋动载 30 MPa 的情况。这进一步说明了静载的增大，对煤体破坏影响非常大，尤其是在静载时已经出现塑性破坏时，小能量的动载就会导致煤柱全部破坏。施加 20 MPa 动载时，煤柱完全破坏。从监测点应力时程曲线可以看出，1 号监测点的应力最大值与动静载绝对值之和的差值增大，同时煤柱底部应力变化加剧，呈现出应力震荡的特点。从应力云图上看，动载为 10 MPa 时，上部高应力区消失，动载为 30 MPa 时，中部出现高应力核区，从顶部到底部，依次为低应力区—高应力区—低应力区交替出现。

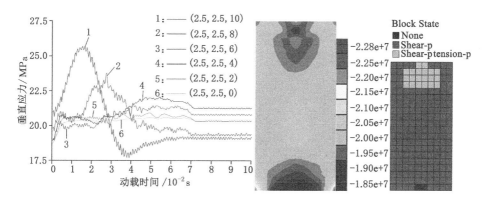

（a）静载 20 MPa、动载峰值 10 MPa 时应力分布与塑性区特征

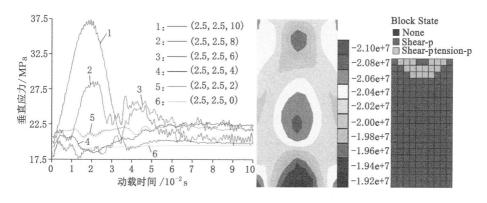

（b）静载 20 MPa、动载峰值 30 MPa 时应力分布与塑性区特征

图 6-14　静载 20 MPa 时煤柱中应力分布与塑性区特征

图 6-15(a)为不同静载状态下煤柱最大垂直应力图。由图可以看出,不管静载值的大小,动载峰值加大,煤柱中的最大垂直应力均线性增大,但是斜率不同,随着静载值的加大,尤其是塑性区的出现,斜率越来越低,并且最大垂直应力也降低。静载为 20 MPa 时,最大垂直应力一直小于 18 MPa,动载峰值为 20 MPa 以后,静载为 18 MPa 与 20 MPa 时的最大垂直应力小于静载为 15 MPa时,而动载为 30 MPa 以后,静载为 10 MPa 状态下的动静载组合后最大垂直应力将大于其他静载状态。图 6-15(b)为不同静载状态下应力差值,可以看出,随着静载的加大,应力差值越来越大,说明煤柱出现塑性破坏后,应力叠加程度降低。

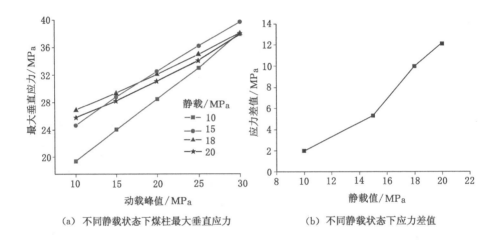

(a) 不同静载状态下煤柱最大垂直应力　　　　(b) 不同静载状态下应力差值

图 6-15　不同静载状态下煤柱中最大垂直应力特征

图 6-16 为不同静载状态下煤柱中塑性区发展特征。图 6-16 表明静载的提高不但降低了煤柱破坏所要求的动载值,同时降低了塑性破坏的动静载之和。并且高静载对动载的破坏具有放大作用,当静载接近煤柱强度,或者煤柱中已经出现塑性破坏时,小动载即可造成煤柱的大范围破坏。这说明当煤柱处于高应力状态时,自身破坏所需的动力扰动小,破坏煤柱所需的能量主要来自煤体自身在静载作用下所储存的弹性能,而动载能量对于破坏煤柱的作用小于静载,此时,动载能量将转化为动能等其他形式的能量。因此,在动静载之和相同的情况下,高静载＋低动载组合方式的冲击危险性要比低静载＋高动载的组合方式高得多,这是深部开采所面临的困难。

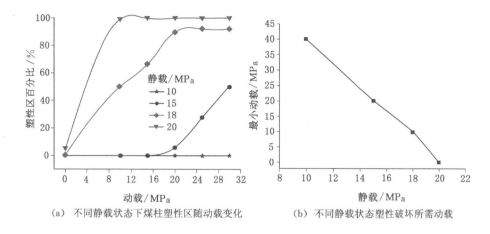

（a）不同静载状态下煤柱塑性区随动载变化　　（b）不同静载状态塑性破坏所需动载

图 6-16　不同静载状态下煤柱中塑性区发展特征

6.7　覆岩空间结构失稳型冲击矿压防治技术

　　覆岩空间结构失稳型冲击矿压的本质是动静组合加载诱发的煤岩动力破坏，在覆岩"OX""F"结构形成与失稳过程中静载应力场与动载应力场均达到最大，尤其是被动失稳，一次释放的能量大，动载强烈，受"F"结构影响的"F"型与"T"型空间结构工作面不但静载高，同样动载强烈，从静载与动载两方面考虑，冲击危险性由强到弱为"T"＞"F"＞"OX"，具有长臂结构工作面静载小于短臂，但是动载却显著大于短臂的特征。因此，矿压显现烈度与防治难度是按照"OX"→"F"→"T"逐渐增加的。必须根据不同覆岩结构，选取具有针对性的监测与治理方法，才能做到有的放矢，提高防治效率。

　　覆岩空间结构失稳型冲击矿压，由于诱发因素为自身静载与外部动载，如果仅对煤体与顶板处理，虽然可以达到防冲的目的，但是当震动冲击能量高时，依然冲击。因此，提出针对冲击的动力源与冲击发生的本体进行主动防治或被动避让技术，适当地对两者进行结合能够达到事半功倍的效果，将这种防治指导思想称之为冲击矿压弱化的主、被动控制技术。

　　同时，科学有效的防治需要建立在冲击危险性监测与评价的基础上。因此，对于覆岩空间结构失稳型冲击矿压，需要对静载与动载同时监测，只有掌握了静载应力场分布特征与结构失稳释放动载能量的特征，才能对冲击危险性进行评价。

6.7.1 覆岩空间结构失稳型冲击矿压的监测技术

6.7.1.1 静载应力场监测

静载应力场的监测方法有直接测试法与间接测试法。直接测试法主要有区域原岩应力测试法与局部钻孔应力计测试法；而间接测试法主要有钻屑法等。矿井原岩应力状态的定量测试，由于工艺复杂、费用高昂，在我国只有少数矿区进行了系统测量，但是测点一般较少，很难全面反映工作面原岩应力场分布规律。

利用震动波 CT 反演技术可以定性地监测与评估采区或工作面范围应力状态，从较大范围的岩体内直接获得信息。与其他方法相比，该技术获取信息成本低、技术含量高、观测的参数信息量准确[132]。震动波 CT 反演应力状态是建立在震动波传播速度与煤岩体应力具有密切关系的基础上，研究表明震动纵波、横波与煤岩体所受载荷具有正相关性。基于此原理，通过主动或被动波速反演，都能得到大范围波速分布，从而定性评估应力分布规律，并进一步预测预报冲击灾害的发生，该技术目前已在山东济三煤矿孤岛工作面、星村煤矿千米埋深工作面等应用，效果显著。当然，在开采过程中还应配合钻孔应力监测与钻屑法，对开采引起的采动应力集中进行监测，从而掌握应力变化规律，更好地判断冲击危险性。

6.7.1.2 动载应力场监测

1. 区域微震监测

微震法就是记录采矿震动的能量，确定和分析震动的方向及震动参数，圈定出震动频繁的区域，以便及时采取防冲监测和治理措施。利用微震系统自动记录微震活动，实时进行震源定位、微震能量计算和防治措施评估，为评价全矿范围内的冲击矿压危险提供依据。微震监测是公认的最有效和最有发展前途的监测手段。国外采矿发达国家已经建成国家型矿震监测体系，在矿震机理、精确定位、危险性评价等方面都取得了长足的进展。通过分析震动能量及空间三维坐标，确定出每次震动的震动类型，判断出震动发生力源，并能分析出矿井上覆岩层的断裂信息，实现空间岩层结构运动和应力场迁移演化规律的描述，进而判断空间结构的失稳程度与释放能量的大小，掌握动载应力场的信息，在以上基础上可对矿井冲击矿压危险程度进行评价。微震监测系统的主要功能是能对全矿范围进行冲击矿压的即时预测预报，是一种区域性监测方法。

2. 局部声发射(地音)监测

声发射在本质上与微震相同,都是监测煤岩体破裂震动波,区别在于频率范围不同。微震监测的频率一般在 1~100 Hz,能量较高;而声发射频率范围从几十到至少 2 000 Hz,甚至更高,能量低于 100 J,监测范围在 200 m 以内[15]。声发射可以与微震进行联合监测,可以掌握矿井围岩破裂的发展趋势与前兆信息。目前国内有甘肃华亭煤矿与砚北煤矿均安装了声发射与微震监测系统,在冲击矿压防治中发挥了巨大作用,保证了工作面的安全高效开采。

为了高效综合利用这些监测手段,必须建立分级监测体系,形成综合的评价体系。覆岩空间结构失稳型冲击矿压分区分级监测技术如图 6-17 所示。

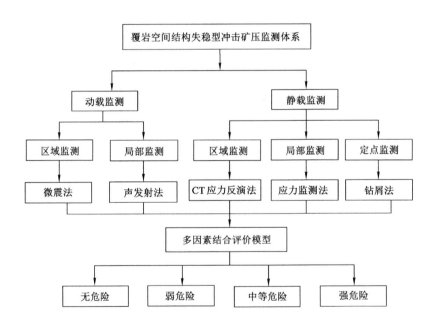

图 6-17 覆岩空间结构失稳型冲击矿压分区分级监测技术

6.7.2 防治关键技术

6.7.2.1 被动避让的"空下巷道"布置法

对于厚煤层,可将采空区一侧巷道布置成"空下巷道",即两工作面相邻巷道采取错层布置方式,将下一工作面临空巷道布置在采空区下方的技术方法。此项技术主要通过降低巷道周边静应力场与避开"F"型空间结构或"T"型空间结构工作面岩臂失稳震动冲击,从而控制冲击矿压的发生,同时采空区下巷道的维护状态也可以大幅度地改善。图 6-18 为"空下巷道"布置图。

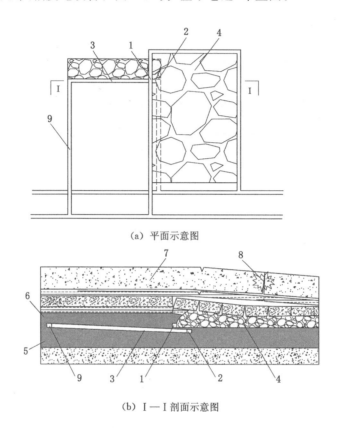

（a）平面示意图

（b）Ⅰ—Ⅰ剖面示意图

1—上区段内侧回采平巷;2—接替区段临空区回采巷道;3—接替区段工作面;

4—上区段采空区;5—底煤;6—顶煤;7—覆岩亚关键层;8—矿震;9—接替区段非临空区回采巷道。

图 6-18　"空下巷道"布置图

6.7.2.2　高压定向水力致裂技术原理

高压定向水力致裂法就是利用专用的刀具,人为地在顶板岩层中预先切割出一个定向裂缝,在较短的时间内注入高压水,使岩(煤)体沿定向裂缝扩展,从而实现坚硬顶板的定向分层或切断,弱化坚硬顶板岩层的强度、整体性以及厚度,以达到降低冲击危险的目的。其优点为施工工艺简单,适用性强(不受瓦斯限制),对生产无影响,安全高效。高压定向水力致裂技术原理如图6-19 所示。

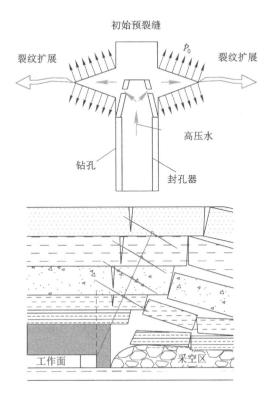

图 6-19　高压定向水力致裂技术原理图

定向致裂技术通过水平致裂将顶板分层,降低顶板厚度,从而减小"OX"结构来压步距与强度,同时,通过倾斜分层直接切割"F"结构,消除震动源。这两种方法均能有效防止冲击矿压的发生。

6.8　小结

本章分析了覆岩空间结构失稳诱发冲击矿压的机理,从覆岩空间结构失稳对煤体应力增量、能量增量、冲击破坏与共振效用四个方面解释了覆岩空间结构失稳的作用机制,建立覆岩空间结构结构失稳型冲击矿压发生的综合模型。利用 FLAC3D 的 Dynamic 动载分析模块,模拟了煤体在动静组合加载作用下的破坏规律,主要研究结论如下:

(1)覆岩空间结构失稳型冲击矿压的本质是动静复合型冲击矿压。

(2)"砌体梁"结构关键块在失稳过程对煤壁施加水平力与垂直剪力,随着关键块承受载荷的加大,两者均线性增加;随着转动角度的加大,水平力急剧增大,垂直剪力减小,发生失稳后,两者突降或消失,关键块失稳过程对煤体产生了加卸载作用,越靠近煤层,影响越强烈。

(3) 覆岩破断与失稳过程均会造成震动效应,可认为是弹性应力波对煤体的作用。经分析,震动对煤体的破坏主要有 4 个作用:入射波与反射波的致裂作用、应力波冲击作用、应力波作用时间极短的闭锁作用与震动波作用下的层裂板结构共振作用。

(4) 为了表示覆岩空间结构失稳的机理,建立了综合函数来表示应力、能量、震动共振因素的作用,记为 $F(K)=F(\sigma,E,I)=F(K_1,K_2,K_3)$。当 $F(K)>1$ 时,表示发生冲击矿压;当 $0 \leqslant F(K)<1$ 时,表示不会发生冲击矿压;当 $F(K)=1$ 时为临界状态。$F(K)$ 值的大小反映了在顶板覆岩空间结构失稳的作用下,煤体发生冲击矿压的判据与程度。对于覆岩运动失稳造成的复合型冲击矿压,其发生机理可以是应力、能量与冲击波单独作用,也可以是两种及以上形式的复合作用,式(6-22)包含了冲击矿压发生的充分必要条件。

(5) 利用现场 SOS 监测到的震动波形作为动载震源的速度时程曲线,模拟了震动波对巷道的作用,结果表明:巷道震动速度与震源峰值(能量)正相关,与震动波传播距离反相关,与震动波传播过程中煤岩介质的强度和完整性正相关。对沿空巷道而言,实体煤一侧应力更为集中,沿空侧巷道变形量与震动速度却大于实体煤一侧。

(6) 以煤柱为研究对象,模拟了不同动静组合加载条件下煤体的破坏发展规律。结果表明,静载与动载组合后对煤体的作用并不能简单地等效为叠加后应力对煤体的破坏,动静组合中静载的作用更大,静载的提高能有效降低破坏煤体所需的动载应力,尤其是在静载时已经出现塑性破坏时,小能量的动载就会导致煤柱的全部破坏。同时说明了当煤柱处于高应力状态时,破坏煤柱所需的能量主要来自煤体自身在静载作用下所储存的弹性能,而动载能量对于破坏煤柱的作用小于静载,此时,动载能量将转化为动能等其他形式的能量,因此,在动静载之和相同的情况下,高静载+低动载组合方式的冲击危险性要高于低静载+高动载组合方式。

(7) 针对覆岩空间结构失稳诱发冲击矿压的特点与机理,提出了冲击矿压弱化的控制技术与监测体系。

7　覆岩结构失稳型冲击矿压现象
及其控制实践

7.1　济三煤矿冲击矿压分析

7.1.1　济三煤矿冲击矿压现象

济三煤矿位于山东省济宁市东部,隶属于兖州煤业股份有限公司。矿井于 1993 年 12 月正式开工建设,2000 年 12 月 28 日建成投产,矿井井田面积为 110 km²,可采储量为 5.26 亿 t,设计井型为 500 万 t。到 2003 年,矿井年产量已达到 1 000 万 t,是我国著名的大型现代化矿井。矿井采用立井分水平上下山开拓方式,井下采用倾斜大巷条带式回采布置,分区域沿煤层倾斜方向平行布置三条大巷,在大巷两侧直接布置走向长壁工作面,开采方式为采区前进,区内后退式。采煤方法为综采放顶煤,采空区处理方式为全部垮落法。

自 2003 年 12 月以来,济三煤矿在采掘期间多次发生强烈的矿压显现、冲击矿压动力现象,在西部六采区 6303 工作面轨道巷沿空掘进期间,就先后 3 次发生较严重的冲击矿压显现,造成巷道变形严重,部分地段巷道失稳,影响了巷道的正常掘进。工作面回采期间,又多次发生冲击矿压,具有代表性的两起分别是:① 2004 年 11 月 30 日,工作面生产时发生冲击矿压,造成煤壁前方 66 m 处的轨道巷冲击显现,30 m 段发生煤体冲出,煤帮瞬间突出 1.5～2 m,掀翻该范围内的 7 个电站设备列车,同时伴有巨大的声响与震动,迫使工作面停产近 1 个月,造成了巨大的经济损失。② 2005 年 2 月 14 日,工作面推进至 1 460 m 处,再次发生冲击矿压,距煤壁前方 12.6 m 的轨道巷 35 m 段冲出 0.3～1.0 m 煤体,顶板下沉 600 mm,底板鼓起 200～700 mm。济三煤矿两次冲击矿压发生位置如图 7-1 所示。

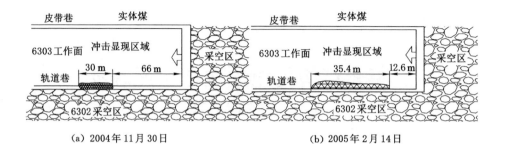

(a) 2004年11月30日   (b) 2005年2月14日

图 7-1　济三煤矿典型冲击矿压发生位置示意图

7.1.2　济三煤矿冲击矿压特点

6303 工作面过后,在十二采区、十八采区巷采充填工作面、十六采区孤岛工作面等均发生了多次震动冲击事故,虽然济三煤矿冲击矿压并未造成人员伤亡,但是给矿井的安全高效生产带来了严重影响与威胁,不符合现代化矿井建设的需要,目前冲击矿压已经成为济三煤矿甚至整个兖州矿区最主要的矿压难题。近年来,作者所在课题组多年来参与了济三煤矿冲击矿压防治工作,对济三煤矿冲击矿压特点、影响因素与机理进行了总结与分析,从而制订切实有效的监测预报与防治技术体系,以防止冲击矿压的发生。

通过对济三煤矿发生的冲击现象(主要是六采区)进行总结分析,得出该采区的冲击矿压有如下特点[29]:

(1) 发生冲击矿压的工作面埋深在 600 m 以上,煤层原岩应力大。

(2) 发生冲击矿压的巷道为沿空巷道,与采空区之间有 3 m 小煤柱。

(3) 冲击显现地点为工作面煤壁前方 100 m 以内,为超前支承压力影响范围。

(4) 冲击矿压或震动具有周期性,为工作面每推进 20~40 m,与工作面的周期来压步距一致,受顶板运动影响显著。

(5) 冲击矿压发生工作面(采区)煤层上方为坚硬稳定的中粒砂岩,厚度达16.77~42.12 m,平均厚度为 26 m,$f=8{\sim}10$。

(6) 冲击矿压发生区域顶板与煤层离层明显,煤、顶板离层距离超过20 cm,并且向煤壁内岩层超过 5 m。

(7) 冲击矿压发生区域顶板完整,巷道内下沉量大,达到 200~600 mm。

（8）工作面推进过程中，临空侧巷道后方形成大面积悬顶，因此可以断定相邻采空区顶板侧向还没有完全断裂。

（9）冲击矿压强度高，煤层突出，支柱、铰接顶梁被震歪、震断，设备列车被抛离掀翻。

因此，通过总结济三煤矿冲击矿压特点可以看出，发生冲击的工作面大部分为一侧临空的"F"型空间结构工作面或者两侧及以上采空的"T"型空间结构工作面，而且均为短臂结构，加之顶板坚硬，确定济三煤矿冲击矿压为顶板覆岩断裂失稳诱发冲击矿压，即覆岩空间结构失稳的复合型冲击矿压。

7.2 "F"型空间结构工作面——63下05 工作面冲击矿压防治

7.2.1 防治方法的选择

济三煤矿以往的冲击矿压防治主要采取顶板深孔爆破与煤体爆破方法，积累了大量成功的经验，而顶板注水与煤层注水效果较差。但是，高产高效矿井对安全的要求越来越高，爆破法尤其是顶板深孔爆破暴露了各种不可避免的缺陷，均存在严重不足。例如顶板深孔爆破法就存在以下问题：① 准备工序复杂；② 上向装药难度大；③ 瞎炮处理复杂；④ 封孔效果难以控制；⑤ 深孔爆破安全可靠性较差；⑥ 煤矿安全规程规定综采综放工作面不准采用深孔爆破处理顶板；⑦ 高瓦斯矿井与高瓦斯区域存在的安全问题等；⑧ 与生产存在相互影响、干扰。随着济三煤矿向深部延伸，越来越多的工作面将存在"OX—F—T"结构演化过程，防冲难度与工作量也将急剧增大，因此，坚硬顶板的处理必须要进行技术革新。

第 6 章所介绍的几种方法中，高压定向水力致裂技术能够满足济三煤矿防冲要求。该技术施工工艺简单，不需要装药爆破，对生产无干扰、影响，适应性强，安全性高，成本较低，对短臂"F"结构和"T"型空间结构工作面具有极强的针对性。因此，作者所在课题组与济三煤矿合作，在六采区 63下05 工作面与五采区 53下07 工作面进行了高压定向水力致裂技术的试验与应用，取得了显著的效果。

7.2.2 63下05 工作面地质、开采条件

63下05 工作面位于六采区西部，东临 63下04 工作面（已回采），西距六采区西部

运人巷 296.00 m,设计停采线北距北区辅运巷 84.60 m,切眼中心线北距北区辅运巷 867.92 m。地面平均标高为＋33.09 m,工作面平均标高为－671.50 m。工作面推进长度为 779.57 m,工作面净面长为 238.50 m。63下05 工作面采用综放工艺生产,采高为 2.8 m,放煤高度为 2.2 m。工作面支护采用 ZFS7200/18/35 型四连杆低位放顶煤支架,工作阻力为 7 200 kN,初撑力为 5 764 KN,支护强度为 0.97 MPa;端头支护采用 ZTF6500/19/32 型端头放顶煤支架,工作阻力为 6 577 kN,初撑力为 6 157 kN。采用超前液压支架进行超前支护。

工作面基本顶为中砂岩,厚度为 22.38～28.74 m,平均厚度为 26.35 m,灰白色,成分以石英为主,含少量长石,黏土质胶结,坚硬,具斜层理,并有少量碳质条纹,如图 7-2 所示。

7.2.3 基本顶物理力学参数测试

进行顶板高压定向水力致裂,首先应该对致裂工作面顶板进行物理力学性质测试,为致裂参数的设计提供依据。试样加工与试验遵照中华人民共和国煤炭行业标准《岩石冲击倾向性分类及指数的测定方法》(MT/T 866—2000)执行,并参照国际岩石力学学会实验室和现场试验标准化委员会编制的《岩石力学试验建议方法》。利用中国矿业大学 SANS 材料试验机进行单轴抗压、抗剪与抗拉测试,如图 7-3 所示为试验机与岩样的实物照片。

基本顶砂岩力学测试结果如表 7-1 所列。

表 7-1　基本顶砂岩力学测试结果

项目	抗压强度 /MPa	抗拉强度 /MPa	黏聚力 /MPa	内摩擦角 /(°)	弹性模量 /GPa	弯曲能指数 /kJ
平均值	96.37	5.72	4.5	25°34′	31.01	66.01

7.2.4 方案设计与钻孔布置

63下05 工作面推进至距离停采线 250 m 左右时,由于受到相邻 63下04 采空区停采线顶板悬顶的影响,工作面前方靠近大巷保护煤柱应力集中,震动能量与频度明显升高,为了保证停采线附近工作面的安全生产,以及后续工作面的撤架要求,需对停采线区域进行防冲处理。此区域内主要受采空区与本工作面坚硬顶板的影响,选择利用高压定向水力致裂技术处理巷道上方基本顶岩层。考虑

地层	层厚$\left(\dfrac{厚度}{平均厚度}\right)$/m	柱状 1:200	层号	岩石名称	岩 性 描 述
上石盒子组	$\dfrac{2.75\sim7.36}{5.66}$		1	铝质泥岩	暗紫红色,夹有绿灰、锈黄等色。含少量砂质并夹有砂岩薄层,局部含铝成分较多,具裂隙,充填有方解石脉
	$\dfrac{6.54\sim8.84}{7.26}$		2	粗砂岩	深灰色硬砂岩,颗粒不均,分选性差,磨圆度较好,与下层呈冲刷接触,可见大量泥岩包体
山 西 组	$\dfrac{47.26\sim61.73}{54.45}$		3	中砂岩、粉砂岩、泥岩间层	中砂岩、粉砂岩、泥岩间层,上部以泥岩为主,下部夹较多砂岩。 粉砂岩:浅灰色,质细较均一,间夹薄层黏土岩及细砂质条带; 中砂岩:灰白色,微带绿色,以石英为主,长石次之,富含少量暗色及绿色矿物,具斜层理; 泥岩:灰绿、暗红、锈黄等杂色,块状,含少量粉砂质,局部夹有薄层浅灰色细砂岩及深灰色粉砂岩
	$\dfrac{1.42\sim5.94}{4.17}$				
	$\dfrac{0.52\sim2.67}{1.59}$		4	粉细砂岩互层	上部以深灰色粉砂岩为主,下部则以浅灰色细砂岩为主,呈薄层状多次交互出现;具水平层理及缓波状层理,亦见少量白云母碎片
	$\dfrac{0.00\sim1.50}{0.70}$		5	泥岩	灰黑色,具滑感;有较多植物根叶部碎片化石
	$\dfrac{0.74\sim1.59}{1.15}$		6	$3_{上}$煤层	黑色,以亮煤为主,暗煤次之,并夹有镜煤丝炭带
			7	泥岩	深灰色,具滑感,富含植物根部化石
	$\dfrac{6.43\sim11.28}{9.36}$		8	粉砂岩	浅灰色,质细较均一,间夹薄层黏土岩及细砂质条带,见较多植物叶部碎片化石及碳质薄层
组	$\dfrac{22.38\sim28.74}{26.36}$		9	中砂岩	上部灰绿色,中下部灰白色,成份以石英为主,含少量岩屑、长石、暗色矿物,分选性好,黏土质胶结,较坚硬,具斜层理,并有少量碳质条纹
	$\dfrac{2.50\sim6.10}{5.00}$				
	$\dfrac{0.00\sim1.87}{0.89}$		10	$3_{下}$煤层	黑色,块状-粉状,以暗煤为主,亮煤次之,阶梯状-参差状断口,属半暗型煤
			11	泥岩	黑灰色,具滑感,含植物化石
	$\dfrac{5.16\sim7.63}{6.35}$		12	粉细砂岩互层	浅灰色,成分以石英为主,长石次之,含少量暗色矿物及白云母碎片,黏土质胶结,较坚硬
	$\dfrac{3.59\sim7.63}{4.66}$		13	粉砂岩、细砂岩	粉砂岩:灰黑色,局部夹薄层灰褐色黏土岩,含较多植物苛达等叶部硬片化石;细砂岩:灰白色,成分以石英为主,长石次之,富含少量暗色矿物,黏土质胶结
太 原 组	$\dfrac{11.83\sim21.16}{16.45}$		14	泥岩、粉砂岩	泥岩:浅灰色,偶见植物根部化石,下部含少量鲕状颗粒;粉砂岩:灰黑色,含有少量植物叶部碎片化石。
	$\dfrac{0.15\sim0.20}{0.18}$		15	二灰	灰褐色,富含动物碎屑化石,呈糠皮状

图 7-2 $63_下$05 工作面岩层柱状图

图 7-3　试验机与岩样的实物照片

到此项技术首次在济三煤矿应用(国内也仅有大同煤矿进行了试验,但是效果不理想),为了简化试验影响因素,并且使试验容易控制,选择对顶板进行水平分层致裂,即垂直顶板打钻孔。根据工作面详细钻孔资料,煤层顶板在停采线附近厚度为 28 m,设计致裂孔深度为 8~20 m,即能够顺利致裂 20 m 以上的顶板岩层。高压定向水力致裂的钻孔布置见图 7-4。

高压定向水力致裂所需的液体压力可以用经验公式(7-1)确定:

$$p = 1.3(p_z^* + R_r) \tag{7-1}$$

式中　p_z^*——岩体应力,受深度、所处煤层及邻近煤层的开采历史、开采地质条件等因素的影响;

R_r——岩石极限抗拉强度。

$63_{下}05$ 工作面最深处−680 m,埋深约为 700 m,由基本顶的力学性质测试可知,六采区基本顶抗压强度为 96.37 MPa,抗拉强度为 5.72 MPa,将抗拉强度取抗压强度的 1/10 为上限,实际测定的抗拉强度为下限的话,致裂岩石所需压力为:

$$p_{max} = 1.3 \times (0.7 \times 2.5 \times 9.8 + 9.637) \approx 34.82 \ (\text{MPa})$$
$$p_{min} = 1.3 \times (0.7 \times 2.5 \times 9.8 + 5.72) \approx 29.73 \ (\text{MPa})$$

因此,可以直接利用工作面乳化液泵站提供的压力,无需另外配置高压泵站,这样既节省了投资,又简化了系统。

7.2.5　施工设备与工艺

7.2.5.1　系统组成

高压定向水力致裂动力系统主要组成包括地质钻机、专用切割刀具、封孔器、高压泵站、控制阀、高压管路以及钻孔窥视仪等。如图 7-5 所示为专用切割刀具与封孔器。

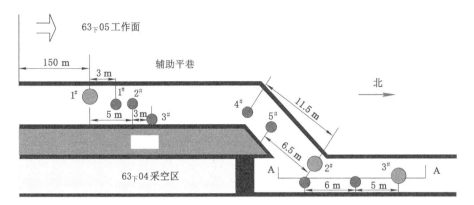

（a）钻孔布置平面图

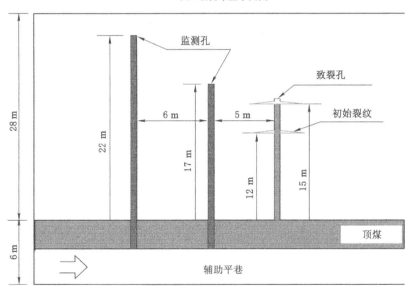

（b）钻孔布置 A—A 剖面图

图 7-4 高压定向水力致裂的钻孔布置图

图 7-5 刀具与封孔器

其中水力致裂使用的高压液采用工作面原有的 GRB315/31.5 型乳化液泵供液,沿途附设一路专用的供液流量不低于 80 L/min 的供液管路,利用综采工作面 32 mm 高压胶管即可,并在安装压力表连接处之前设置两个高压管路截止阀,用于控制管路从高压泵到控制阀之间的管路供液开关状况,高压胶管通过转接头与高压封孔器连接,在压力表与连接通往钻孔内部封孔器之间的管路中必须设置一个可以泄压的截止阀。高压定向水力致裂系统设备布置示意图如图 7-6 所示。

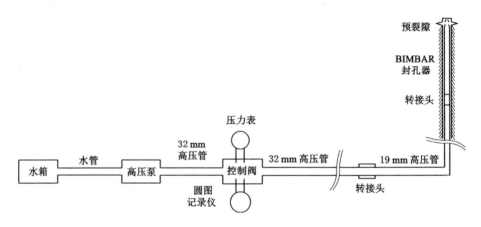

图 7-6　高压定向水力致裂系统设备布置示意图

7.2.5.2　工艺过程

（1）施工钻孔。利用 ZLJ-250Y 型液压地质钻机在设计地点施工直径为 42 mm、角度为 90°的致裂钻孔,同时,在附近按照设计要求施工控制钻孔。

（2）切割初始裂缝。利用 ϕ38 mm 的割缝刀具进行切槽。连接钻杆时,必须将钻杆与钻杆之间拧紧。控制致裂孔的切槽速度,一定要以较慢的速度钻进,切槽的深度控制在 4 cm。同时观测回流水中岩粉的性质。切槽完成后,停钻进行冲水洗孔,直至水流变清。同时利用钻孔窥视仪,观测初始裂缝的形状是否符合要求。图 7-7 所示为初始裂纹的切割,图 7-8(a)为失败的初始裂纹,图 7-8(b)为成功的初始裂纹。

（3）封孔。首先,将长度为 1.1 m、直径为 41 mm 的封孔器(适应 ϕ44 mm～ϕ48 mm 的致裂孔)与高压管通过连接器进行连接,并确保推送到钻孔的底部。然后,将封孔器退回 3～5 cm,并将其固定。将压力表与圆图记录仪安装在控制阀的两侧,将控制阀的前、后接口分别连接高压管进水端以及 ϕ20 mm 的高压管出水

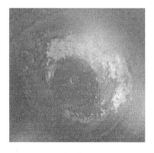
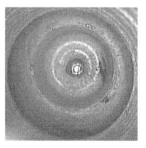

(a)　失败的初始裂纹　　　　(b)　成功的初始裂纹

图 7-7　初始裂纹切割图

端,并关闭出水端的控制阀。

(4) 注水。开动高压泵,当压力上升到 30 MPa 左右时,开启出水端的控制阀,保证在 30 MPa 左右的高压水作用下封孔器不被抛出。利用封孔器两侧喷嘴的冲击压力切割顶板岩层,同时监测控制阀上压力表的压力变化。当压力出现明显降低时,说明高压水已经进入致裂岩层。

(5) 效果检验。判断岩层能否起裂与扩展范围,目前应用的方法有 2 种。

① 压力曲线法。高压定向水力致裂的整个过程,典型的压力曲线变化可以分为 3 个阶段,如图 7-8 所示为 $63_{下}05$ 工作面致裂过程中 3 个致裂孔的压力变化。第一阶段:压力急剧上升段,压力从零一直上升到最大值,此最大值即为裂纹扩展极限应力,可以看出最大压力小于式(7-1)所计算的应力值,此阶段对应裂纹的起裂阶段。第二阶段:压力下降阶段,压力达到最大值,达到裂纹起裂所需的应力后,裂纹尖端立刻发生破裂,压力随之下降,此阶段对应裂纹的快速扩展阶段。第三阶段:压力稳定阶段,压力下降到 10 MPa 左右并保持稳定,不再升高,此阶段对应裂纹的稳定传播阶段。因此,可以利用压力表的变化判断裂纹是否起裂。注入高压水后,压力岩体被致裂开后压力将下降,当出现垮落或压力下降 5～10 MPa,并一直保持在这个水平上,确定岩体被致裂。但是压力曲线一般难以判断致裂范围与半径。

② 控制钻孔法。在坚硬顶板高压定向水力致裂钻孔周围施工一系列控制钻孔,对钻孔孔径无特殊要求,但深度要高于致裂面 1 m 以上,钻孔间距可由小变大,第一次试验时孔间距一般为 3～5 m,根据控制钻孔有无液体流出判断致裂面是否扩展至此位置,如果致裂面达到控制钻孔,下次致裂,可扩大控制钻孔距离致裂孔的距离。如图 7-9 所示为 $63_{下}05$ 工作面致裂过程中,高

压定向水力控制钻孔中乳化液流出照片。

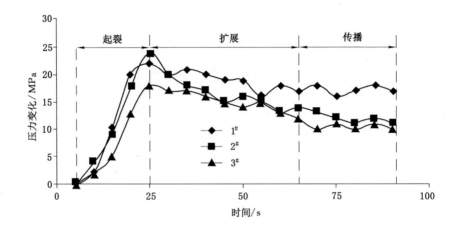

图 7-8　高压定向水力致裂过程中的压力变化

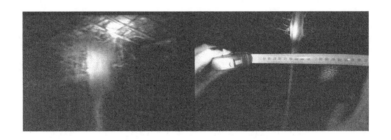

图 7-9　高压定向水力控制钻孔中乳化液流出照片

7.2.5.3　工艺革新

　　目前国内外施工工艺都是采用钻机割缝→高压胶管供液→人工输送管路。这种施工工艺在钻孔深度不大时,能够满足现场要求,但是当钻孔深度增大时,传统工艺的缺点开始显现(例如:劳动量大,效率低,深度难以超过 10 m,存在安全隐患)。济三煤矿基本顶岩层厚度平均为 26 m,很多区域超过 40 m 甚至50 m,因此,钻孔深度为 10 m 远远不能满足要求。在济三 63下05 工作面试验过程中,人工最多送进 10 m,超过 20 m 是不可能的。为了解决钻孔深度受限制的问题,必须将人工劳动改进为机械自动操作,作者提出了钻机割缝→无缝钢管供液→钻机自动输送管路的新工艺。利用自发研制的高压无缝钢管来代替钻孔中的高压管,无缝钢管外径与钻杆相同,可以利用钻机机械自动送杆,无需人工操作。无缝钢管之间以及钢管与密封圈之间利用特制的高压密封圈实现高压密封。新工艺的优点为:劳动量小,效率高,深度无限制,安全。利用新工艺,在 $63_下05$ 工作面试验过程中,现场致裂孔深度超过 21 m,致裂半径大于 13 m。对于 20 m 深钻孔,割槽时间不超过 10 min 即可完成,高压管路输送时间小于 30 min,致裂半径达到 5 m 所需时间不超过 3 min,整个致裂过程在 10 min 内可以完成。

7.2.6 高压定向水力致裂防冲效果分析

图 7-10 所示为 $63_下05$ 工作面顶板致裂期间微震事件震动频次、能量时间序列图,由图可以看出:$63_下05$ 工作面微震事件总频次与能量均有所下降;大能量震动明显减少,震源集中程度降低,表明致裂期间冲击危险性降低。

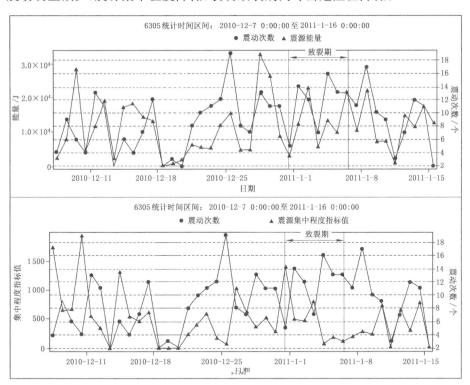

图 7-10 $63_下05$ 工作面顶板致裂期间微震事件震动频次、能量时间序列图

在整个致裂过程中的矿压显现,诱发一系列微震事件的发生,通过 SOS 布置在 $63_下05$ 工作面停采线附近的探头可以定位到这些微震事件震源发生的地点和能量大小。如图 7-11 所示为 $63_下05$ 工作面致裂期间能量微震分布图,图中 I 即为水力致裂区域。由图 7-11 可以看出:能量小于 10^3 J 的微震,工作

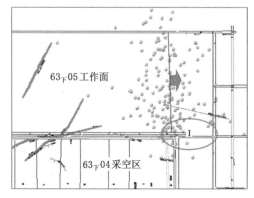

(a) 能量小于 10^3 J 的微震分布图

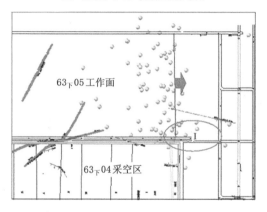

(b) 能量为 $10^3 \sim 5 \times 10^3$ J 的微震分布图

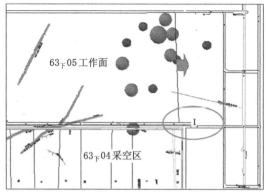

(c) 能量大于 5×10^3 J 的微震分布图

图 7-11　$63_{下}05$ 工作面致裂期间能量微震分布图

面范围内分布较为均匀,致裂区域反而稍高于实体煤一侧,说明水力致裂后坚硬顶板诱发的一些微震事件,达到了使坚硬顶板缓慢卸压的目的;能量大于 10^3 J 尤其是能量大于 $5×10^3$ J 的震动,致裂区域明显小于其他区域,可见顶板经过定向致裂后,大能量震动不再发生,从而能够有效地防止冲击矿压的发生。

定向水力致裂不但能够降低顶板强度,减小来压步距与震动能量,而且能够降低煤体中的应力集中程度。为了验证高压定向水力致裂技术对煤岩层的卸压效果,在致裂区域内对致裂前,在致裂钻孔附近位置打煤粉钻,并观测钻屑量大小。在钻进过程中出现了吸钻、卡钻等煤岩动力效应,且煤粉量高于临界煤粉量,说明此处为高应力区域。水力致裂结束后,在致裂范围内(距离原孔 0.5 m)又打煤粉钻进行钻屑测定,在打钻过程中没有出现动力效应,煤粉量在临界煤粉量以下,这说明水力致裂能够大大降低煤层冲击危险,从而能够有效控制冲击矿压的发生。致裂前后钻屑量变化如图 7-12 所示。

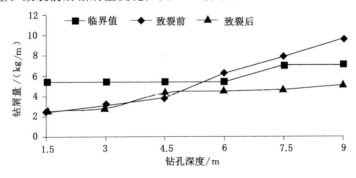

图 7-12 致裂前后钻屑量变化图

7.3 "T"型空间结构工作面——163下02C 工作面冲击矿压防治

7.3.1 163下02C 工作面概况

163下02C 工作面为位于十六采区 3下 煤层孤岛工作面,开采煤层厚度平均为3.3 m,倾角平均为3°,结构简单。地面标高平均为+33.68 m,工作面标高为−604.2~−651.4 m,平均为−622.2 m。该工作面停采线南距北区辅运巷巷中160 m,开切眼北距井田北边界20 m。东部为163下02采空区,西部为163下03采空区。

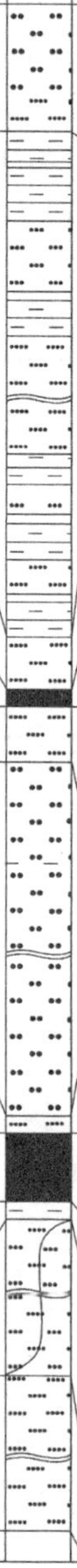

煤矿覆岩空间结构型冲击矿压诱发机制研究

地层	层厚/(厚度/平均厚度)/m	柱状(1:2000)	层号	岩石名称	岩性描述
石盒子组			1	中粒砂岩	以砖红色泥质细砂岩至中粒砂岩为主,含铁质,较松散,底部常发育有一层砾岩,成分以石英为主,灰岩次之,铁泥质胶结,质坚硬,具裂隙
山	79.56~90.62 / 85.34		2	细砂岩、粉砂岩、泥岩间层	深灰色,浅灰、暗紫红色细砂岩,成分以石英为主,长石次之,含少量暗色矿物,间层紫红色、绿灰色粉砂岩、泥岩,厚度为3.0~14.5 m,具滑感,局部见有薄层中粒砂岩
	4.76~5.64 / 5.25		3	粉砂岩	以粉砂岩为主,局部为黏土岩及细砂岩
	0~1.10 / 0.55		4	3上煤层	黑色,以亮煤为主,暗煤次之,具油脂和玻璃光泽
西	4.85~6.30 / 5.64		5	粉砂岩	深灰色,顶部略带棕色,富含植物根系化石
组	25.32~30.95 / 28.43			中砂岩	灰白至灰绿色,成分主要为石英、长石,含少量暗色矿物;含大量粉砂岩及包裹体,局部具粉砂岩薄层;具裂隙,充填有方解石脉
	0~1.02 / 0.55		7	粉砂岩	灰色至黑色,以粉砂岩为主,夹薄层细砂岩,具水平层理,含黄铁矿结核
	2.30~6.40 / 4.07		8	3下煤层	黑色,条痕为黑褐色,贝壳状-平整状断口,具玻璃光泽,具内生裂隙,外生裂隙发育,充填有方解石薄膜
	0~3.30 / 1.52		9	泥岩	深灰色,具滑感,含植物化石
	15.63~20.86 / 18.26		10	细砂岩及粉细砂岩互层	细砂岩:灰白色,微带暗绿色,成分为石英、长石,含少量暗色矿物,夹有较多炭屑及碳质条带,上部夹有薄层中砂岩,呈互层状,具有平层理,黏土质胶结。粉、细砂岩互层:灰色至浅灰色,以细砂岩为主,粉砂岩次之,具水平层理及波状层理,层面上见较多的植物叶部片化石
太原组	10.85~15.23 / 13.35		11	粉砂岩	深灰色,含菱铁矿结核,裂隙发育,性脆,易碎

图 7-13 煤层地质综合柱状图

163下02C 工作面的基本顶为中砂岩及细砂岩,直接顶为粉砂岩及粉、细砂岩互层,直接底为铝质泥岩,基本底为粉、细砂岩互层,煤层地质综合柱状图见图7-13。两侧采空区开采尺度较大,地表下沉明显,因此,163下02C 工作面为对称短臂"T"覆岩空间结构工作面。

163下02C 工作面在两巷掘进期间就面临着严重的冲击矿压危险,利用钻屑法进行监测,钻屑量经常超标,并伴随有吸钻、卡钻、钻孔冲击等动力灾害,如图7-14 为 163下02C 工作面胶带平巷钻屑量监测结果。距迎头 10 m,钻进 7 m 后时出现吸钻、煤炮,煤粉颗粒变大;距迎头 6 m,钻进 4 m 后时出现吸钻、煤炮,煤粉颗粒变大;距迎头 9 m,钻进 7 m 后出现吸钻,钻进 8 m 后出现钎子卡死;距迎头 4 m,钻进 7.4 m 后出现吸钻,内部频繁出现小煤炮,钻进 8 m 后出现钎子卡死。钻屑量监测结果表明,受两侧采空区支承压力与顶板悬顶"T"结构臂的影响,在胶带平巷和辅运平巷掘进期间,大部分区域煤粉量异常,钻进过程中有明显动力显现,工作面存在强冲击危险性,开采之前与开采过程中必须采取冲击矿压防治措施。

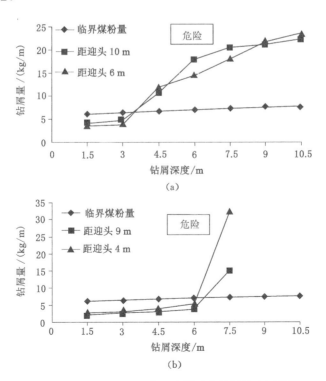

图 7-14 163下02C 工作面胶带平巷钻屑量监测结果

7.3.2　163下02C工作面防冲治理方案

163下02C工作面冲击危险源为两侧"T"臂断裂失稳与工作面顶板的"OX"破断,因此,采用深孔爆破法主动切断"T"臂与悬顶,从而降低覆岩在煤体中引起的静载与断裂失稳的冲击动载荷。

(1) 孔深确定

由深孔爆破的原理可知,一般要求爆破深度达到坚硬顶板岩层一半以上。根据16采区内的钻孔柱状图可知,煤层上方的砂岩顶板岩层厚度在30 m左右,因此要求爆破深度达到岩层20 m附近。因为钻孔仰角为75°,所以钻孔深度为25 m。

(2) 爆破间距

经计算,爆破后裂隙区半径为1 436 mm,考虑到裂隙区以外应力波的损伤作用以及振动效应同样可以弱化顶板的完整性和强度,所以实际的裂隙区半径一般为计算值的1.5倍,即2 154 mm。因此,单孔卸压爆破明显的影响范围(爆炸裂隙区直径)为5 m左右。在现场治理实践中,一方面要控制巷道表面的变形量,另一方面要消除冲击危险区域,故顶板深孔卸压爆破的钻孔间距定为5~6 m。

(3) 装药量

每米炮眼的装药长度为0.52 m,因为炮眼深度在25 m左右,则每孔装药长度近似为13 m。

(4) 爆破方案

根据以上计算,可得163下02C工作面顶板深孔爆破的设计方案与技术参数。在辅运平巷、胶带平巷和中间巷三巷间隔6 m打深钻孔,巷道两侧均匀布置,中间巷错距布置,钻孔参数为:孔深为25 m,装药为13 m,封孔深度为12 m,钻孔倾角为75°,钻孔直径为55 mm,炸药采用煤矿许用水胶炸药,药卷直径为50 mm,装药采用塑料软管防护式反向装药,每孔均匀布置3个同段毫秒延期电雷管,孔内并联连线,孔间串联。一次起爆1~2个炮孔。163下02C工作面顶板深孔爆破方案设计见图7-15。

7.3.3　163下02C工作面防冲效果

163下02C工作面回采过程中,利用微震监测系统连续实时监测,不但可以对冲击危险进行评价与预测,而且可以检验冲击矿压治理效果。

在163下02C工作面掘进回采的近6个月时间内,工作面附近共监测约6 496个可定位的微震事件。截至2010年8月31日,工作面全部回采完毕,

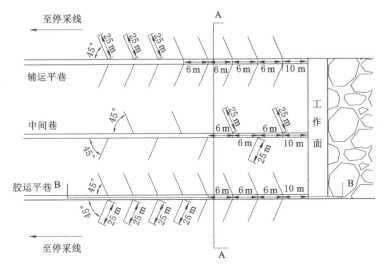

（a）顶板深孔爆破布置平面图

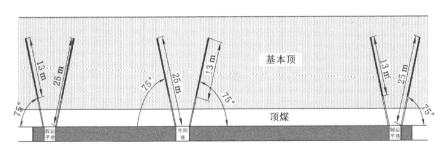

（b）两巷顶板爆破炮眼布置 A—A 剖面图

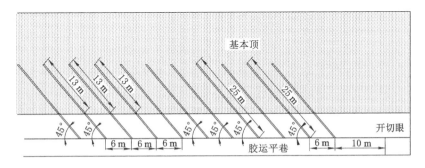

（c）两巷顶板爆破炮眼布置 B—B 剖面图

图 7-15　163下02C 工作面顶板深孔爆破方案设计

微震事件月分级统计结果及工作面开采月进尺见表 7-2。由表 7-2 可以看出，工作面开采诱发的震动以 $10^2 \sim 10^4$ J 之间的小能量释放事件为主，10^4 J 以上的强矿震事件相对较少，月震动频次与 $163_{下}02C$ 工作面月进尺密切相关，月进尺较大月份其震动频次明显增多。如表 7-3 为 2010 年 3 月 22 日至 2010 年 8 月 30 日 $163_{下}02C$ 工作面矿震统计结果，由表可以看出，通过有效的治理，高冲击危险的 $163_{下}02C$ 工作面震动能量低、能量释放平稳。

表 7-2 微震事件月分级统计结果及工作面开采月进尺

日期	震动能量/J				月进尺/m
	$10^2 \sim 10^3$	$10^3 \sim 10^4$	$>10^4$	震动总数	
2010 年 3 月	23	14	0	37	34
2010 年 4 月	387	158	4	549	111
2010 年 5 月	369	83	1	453	153
2010 年 6 月	570	81	0	651	183
2010 年 7 月	332	188	8	528	135
2010 年 8 月	306	90	0	396	123

表 7-3 $163_{下}02C$ 工作面矿震统计 (2010-03-22 ～ 2010-08-30)

矿震能量 E/J	$\leqslant 10^3$	$10^3 \sim 10^4$	$10^4 \sim 10^5$	合计
能量级别/J	10^2	10^3	10^4	
矿震频次/次	5 300	1 155	41	6 496
所占百分比	81%	18%	1%	100%

图 7-16 为工作面开采期间能量大于 5×10^3 J 微震事件分级分布图，由图可以明显地看出，高能量震动非常少，说明工作面防冲治理效果显著，总体上高能量震动主要分布在两个区域：① 初次来压阶段。此阶段顶板来压步距大，对煤体支承压力影响大，同时破裂过程中释放的能量高，此阶段煤体、顶板与底板中均震动较多。② 断层切割阶段。SF187 断层对顶板进行了切割，SF187 断层为正断层，$163_{下}02C$ 工作面为上盘，$163_{下}02C$ 采空区为下盘，断层倾角为 55°，因此，$163_{下}02C$ 工作面回采至 SF187 断层，一部分顶板岩层会沿断层断裂，并且很难形成稳定的"砌体梁"结构，从而留下了较长的悬顶，此断顶在 $163_{下}02C$ 工作面开采作用下发生断裂与失稳，以及断层上、下盘岩体的滑移，是造成震动频繁的原因。工作面开采后期则大震动很少。

$163_{下}02C$ 工作面从 2010 年 3 月 22 日开始至 2010 年 8 月 31 日回采完

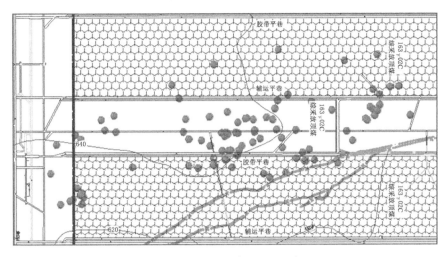

(a) 5×10^3 J $< E < 10^4$ J

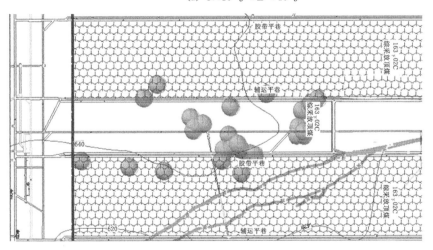

(b) 10^4 J $< E < 10^5$ J

图 7-16 能量大于 5×10^3 J 微震事件分级分布图(2010-03-22—2010-08-31)

毕,没有发生一起冲击矿压事故,微震监测结果表明,工作面有效震动总次数为 6 496 次,最大震动能量为 1.7×10^5 J(超过 10^5 J 仅一次),平均能量为 3.3×10^3 J,工作面开采过程中能量稳定释放,这与科学的危险性划分、合理的防冲解危方案是密不可分的。

7.4 小结

根据对覆岩空间结构诱发冲击矿压的研究,结合作者参与的现场防冲研究课题,选取具有冲击危险性的济三煤矿"F"型空间结构工作面 63下05 与"T"型空间结构工作面 163下02C 工作面作为现场实践,主要结论如下:

(1) 总结了济三煤矿发生的数次冲击矿压事故特点,分析认为诱发冲击矿压机理为"F"与"T"结构失稳造成的复合型冲击矿压。

(2) 对于短臂"F"覆岩空间结构工作面 63下05,切断"F"臂是治理冲击的根本,试验了高压定向水力致裂技术,发明了无缝钢管供液、钻机输送管路、高压密封等核心技术,革新了现场工艺流程,实现了半自动化,突破了钻孔深度的限制,极大地减轻了劳动强度,从而提高了该技术的效率与安全性;利用革新后的工艺技术,对于 20 m 深钻孔,割槽时间不超过 10 min 即可完成,高压管路输送小于 30 min,致裂半径达到 5 m 所需时间不超过 3 min,整个致裂过程在 10 min 内可以完成。现场致裂孔深度超过 21 m,致裂半径大于 13 m。现场微震系统监测结果表明,高压定向水力致裂区域,高能量震动明显小于未致裂区域以及实体煤一侧巷道,同时钻屑法监测也表明,致裂区域煤体钻屑量显著下降,低于临界值,并且打钻过程中无动力现象。

(3) 163下02C 工作面为对称短臂"T"覆岩空间结构工作面,巷道掘进过程中震动频繁,钻屑量超标严重,导致工作面提前开切眼,为高冲击危险工作面。通过分析发现,造成煤体应力集中与震动频繁的机理为低位"T"臂亚关键层的悬长较大,在采掘作用下发生断裂与失稳,同时工作面埋深大,高静载作用下,顶板震动极易诱发冲击。通过合理地设计防冲参数,在工作面回采之前,利用深孔爆破切断悬顶。回采过程中微震监测结果表明,能量释放一直稳定均匀,能量最大值为 1.7×10^5 J(超过 10^5 J 仅一次),没有发生一次冲击矿压,治理效果显著。

参 考 文 献

[1] 中国科学院可持续发展战略研究组.2007 中国可持续发展战略报告[M].北京:科学出版社,2007.

[2] 钱鸣高.煤炭的科学开采[J].煤炭学报,2010,35(4):529-534.

[3] 钱鸣高,许家林.煤炭工业发展面临几个问题的讨论[J].采矿与安全工程学报,2006,23(2):127-132.

[4] 钱鸣高.煤炭产业特点与科学发展[J].中国煤炭,2006,32(11):5-8.

[5] COOK N G W,HOE E,PRETORIU J P,et al.Rock mechanics applied to the study of rockburst[J].Journal of the South African Institute of Mining and Metallurgy,1966,66(12):695.

[6] BRADY B T.Seismic precursors before rock failures in mines[J].Nature,1974,252(5484):549-552.

[7] ORTLEPP W D.Rock fracture and rockbursts:an illustrative study[M].Johannesburg:The South African Institute of Mining and Metallurgy,1997.

[8] SHARAN S K.A finite element perturbation method for the prediction of rockburst[J].Computers & structures,2007,85(17/18):1304-1309.

[9] DOU L M,LU C P,MU Z L,et al.Prevention and forecasting of rock burst hazards in coal mines[J].Mining science and technology (China),2009,19(5):585-591.

[10] 谢和平.深部高应力下的资源开采:现状、基础科学问题与展望[C]//科学前沿与未来(第六集).北京:中国环境科学出版社,2002:179-191.

[11] 赵生才.深部高应力下的资源开采与地下工程:香山会议第 175 次综述[J].地球科学进展,2002,17(2):295-298.

[12] 钱七虎.非线性岩石力学的新进展:深部岩体力学的若干关键问题[C]//第八次全国岩石力学与工程学术大会论文集.成都,2004:21-28.

[13] 赵本钧.冲击地压及其防治[M].北京:煤炭工业出版社,1995.

[14] 窦林名,何学秋.冲击矿压防治理论与技术[M].徐州:中国矿业大学出版社,2001:1-17.

[15] 窦林名,赵从国,杨思光.煤矿开采冲击矿压灾害防治[M].徐州:中国矿业大学出版社,2006.

[16] 齐庆新,窦林名.冲击地压理论与技术[M].徐州:中国矿业大学出版社,2008.

[17] 阿维尔申.冲击矿压[M].北京:煤炭工业出版社,1959.

[18] 佩图霍.冲击地压和突出的力学计算方法[M].北京:煤炭工业出版社,1994.

[19] 布霍依诺.矿山压力和冲击地压[M].李玉生,译.北京:煤炭工业出版社,1985.

[20] 潘一山,李忠华,章梦涛.我国冲击地压分布、类型、机理及防治研究[J].岩石力学与工程学报,2003,22(11):1844-1851.

[21] 蓝航,齐庆新,潘俊锋,等.我国煤矿冲击地压特点及防治技术分析[J].煤炭科学技术,2011,39(1):11-15.

[22] 李铁,蔡美峰,张少泉,等.我国的采矿诱发地震[J].东北地震研究,2005,21(3):1-26.

[23] 潘一山,赵扬锋,马瑾.中国矿震受区域应力场影响的探讨[J].岩石力学与工程学报,2005,24(16):2847-2853.

[24] LI T,CAI M F,CAI M.A review of mining-induced seismicity in China [J].International journal of rock mechanics and mining sciences,2007,44(8):1149-1171.

[25] 姜福兴.采动覆岩空间结构及其与应力场的动态关系探讨[C]//高德利,张玉卓,王家祥.地下钻掘采工程不稳定理论与控制技术:中国科协第46次"青年科学家论坛"论文集.北京:中国科学技术出版社,1999.

[26] 姜福兴.微震监测技术在矿井岩层破裂监测中的应用[J].岩土工程学报,2002,24(2):147-149.

[27] 姜福兴,XUN LUO,杨淑华.采场覆岩空间破裂与采动应力场的微震探测研究[J].岩土工程学报,2003,25(1):23-25.

[28] 史红,姜福兴.采场上覆岩层结构理论及其新进展[J].山东科技大学学报(自然科学版),2005,24(1):21-25.

[28] 王宏伟.长壁孤岛工作面冲击地压机理及防冲技术研究[D].北京:中国矿业大学(北京),2011.

[29] 中国矿业大学,兖州煤业股份有限公司济三煤矿.济三煤矿六采区冲击矿压防治研究[R].山东省邹城:兖州煤业股份有限公司,2006.

[30] 中国矿业大学,甘肃华亭煤电股份有限公司华亭煤矿.华亭矿特厚煤层覆

岩煤柱型强矿压防治研究[R].平凉:甘肃华亭煤电股份有限公司,2008.

[32] 魏东,贺虎,秦原峰,等.相邻采空区关键层失稳诱发矿震机理研究[J].煤炭学报,2010,35(12):1957-1962.

[33] 王国瑞.孤岛工作面覆岩"T"结构诱冲原理及其防治研究[M].徐州:中国矿业大学出版社,2011.

[34] 高忠红.孤岛区域开采冲击与突出危险性耦合规律及预测技术研究[D].北京:中国矿业大学(北京),2011.

[35] 邵景柱.孤岛综放采场覆岩运动破坏特征和矿压显现研究[D].沈阳:东北大学,2003.

[36] 窦林名,何烨,张卫东.孤岛工作面冲击矿压危险及其控制[J].岩石力学与工程学报,2003,22(11):1866-1869.

[37] 张连贵.兖州矿区非充分开采覆岩破坏机理与地表沉陷规律研究[D].徐州:中国矿业大学,2009.

[38] 黄福昌.兖州矿区矿震防治技术研究与探讨[J].煤炭科学技术,2006,34(1):69-72.

[39] 李伟.鲍店煤矿矿震规律初探[J].山东煤炭科技,2006(3):41.

[40] CAO A Y,DOU L M,JIANG H,et al. Application of microseismic monitoring to characterize overburden movement in isolated longwall mining[C]//Controlling Seismic Hazard and Sustainable Development of Deep Mines (Volume 1). Dalian,2009:483-490

[41] 蒋金泉,张开智.综放开采矿震的成因及防治对策[J].岩石力学与工程学报,2006,25(增刊1):3276-3282.

[42] 李少刚.综放采场覆岩大结构运动规律及失稳冲击灾害防治研究[D].青岛:山东科技大学,2006.

[43] 中国矿业大学,兖州煤业股份有限公司.兖州矿区矿震活动规律研究及应用[R].邹城:兖州煤业股份有限公司,2010.

[44] 王显政.王显政在2003年"全国安全生产月"电视电话会议上的讲话[J].湖南安全与防灾,2003(7):4-7.

[45] 唐建新.矿井非典型动力现象及评价方法[D].重庆:重庆大学,2004.

[46] WU X L.Theoretical analysis of bump and airblast events associated with coal mining under strong roofs[D].Virginia:Virginia Polytechnic Institute and State University,1995.

[47] 蒋静宇,程远平,王亮,等.巨厚火成岩对下伏煤层煤与瓦斯突出事故控制作用[J].中国矿业大学学报,2012,41(1):42-47.

［48］贺虎,窦林名,巩思园,等.覆岩关键层运动诱发冲击的规律研究［J］.岩土工程学报,2010,32(8):1260-1265.

［49］宋振骐,蒋金泉.煤矿岩层控制的研究重点与方向［J］.岩石力学与工程学报,1996,15(2):128-134.

［50］TSESARSKY M.Deformation mechanisms and stability analysis of undermined sedimentary rocks in the shallow subsurface［J］.Engineering geology,2012,133:16-29.

［51］HACKETT P.Rock mechanics and mining engineering［J］.Mine and quarry engineering,1962,28(5):215-219.

［52］CHIEN M G.A study of the behaviour of overlying strata in longwall mining and its application to strata control［J］.Developments in geotechnical engineering,1981,32:13-17.

［53］QIAN M G,HE F L.Behaviour of the main roof in longwall mining——weighting span,fracture and disturbance［J］.Journal of mines,metals and fuels,1989,37(6/7):240-246.

［54］钱鸣高,缪协兴.采场上覆岩层结构的形态与受力分析［J］.岩石力学与工程学报,1995,14(2):97-106.

［55］钱鸣高,张顶立,黎良杰,等.砌体梁的"S-R"稳定及其应用［J］.矿山压力与顶板管理,1994,11(3):6-11.

［56］钱鸣高,缪协兴,何富连.采场"砌体梁"结构的关键块分析［J］.煤炭学报,1994,19(6):557-563.

［57］钱鸣高,缪协兴.综放采场围岩-支架整体力学模型及分析［J］.煤,1998(6):1-5,13.

［58］宋振骐.采场上覆岩层运动的基本规律［J］.山东矿业学院学报,1979(1):64-77.

［59］宋振骐.实用矿山压力控制［M］.徐州:中国矿业大学出版社,1988.

［60］钱鸣高,缪协兴,许家林.岩层控制中的关键层理论研究［J］.煤炭学报,1996(3):2-7.

［61］钱鸣高,缪协兴,许家林,等.岩层控制的关键层理论［M］.徐州:中国矿业大学出版社,2003.

［62］钱鸣高,许家林,缪协兴.煤矿绿色开采技术［J］.中国矿业大学学报(自然科学版),2003,32(4):343-348.

［63］缪协兴,张吉雄,郭广礼.综合机械化固体充填采煤方法与技术研究［J］.煤炭学报,2010,35(1):1-6.

[64] 张吉雄,李剑,安泰龙,等.矸石充填综采覆岩关键层变形特征研究[J].煤炭学报,2010,35(3):357-362.

[65] 周华强,侯朝炯,孙希奎,等.固体废弃物膏体充填不迁村采煤[J].中国矿业大学学报,2004,33(2):154-158.

[66] 许家林,钱鸣高,金宏伟.基于岩层移动的"煤与煤层气共采"技术研究[J].煤炭学报,2004,29(2):129-132.

[67] ZHANG D S,FAN G W,LIU Y D,et al.Field trials of aquifer protection in longwall mining of shallow coal seams in China[J].International journal of rock mechanics and mining sciences,2010,47(6):908-914.

[68] ZHANG D S,FAN G W,MA L Q,et al.Aquifer protection during longwall mining of shallow coal seams:a case study in the Shendong Coalfield of China[J].International journal of coal geology,2011,86(2/3):190-196.

[69] 缪协兴,王长申,白海波.神东矿区煤矿水害类型及水文地质特征分析[J].采矿与安全工程学报,2010,27(3):285-291.

[70] 黎良杰,殷有泉,钱鸣高.KS结构的稳定性与底板突水机理[J].岩石力学与工程学报,1998,17(1):40-45.

[71] 姜福兴.岩层质量指数及其应用[J].岩石力学与工程学报,1994,13(3):270-278.

[72] 姜福兴,宋振骐,宋扬.老顶的基本结构形式[J].岩石力学与工程学报,1993,12(4):366-379.

[73] 姜福兴,张兴民,杨淑华,等.长壁采场覆岩空间结构探讨[J].岩石力学与工程学报,2006,25(5):979-984.

[74] 姜福兴.采场覆岩空间结构观点及其应用研究[J].采矿与安全工程学报,2006,23(1):30-33.

[75] COOK N G W.Rock mechanics and the design of structures in rock[J].Journal of the Franklin Institute,1967,284(5):335.

[76] BLAKE W.Rockbursts:case studies from North American Hard-Rock Mines[M].[S.l.]:Society for Mining Metallurgy & Exploration,2004.

[77] COOK N G W.The seismic location of rockbursts[C]// Proceedings of the 5th Rock Mechanics Symposium.Oxford:Pergamon Press,1963:493-518.

[78] COOK N G W.The application of seismic techniques to problems in rock mechanics[J].International journal of rock mechanics and mining sciences & geomechanics abstracts,1964,1(2):169-179.

[79] COOK N G W.A note on rockbursts considered as a problem of stability [J].Journal of the Southern African Institute of Mining and Metallurgy, 1965,65(8):437-446.

[80] COOK N G W.The design of underground excavation[C]//The 8th U.S. Symposium on Rock Mechanics(USRMS).New York,1966:167-193.

[81] COOK N G W.Contribution to discussion on pillar stability[J].Journal of the Southern African Institute of Mining and Metallurgy,1967,68:192-195.

[82] COOK N G W. The failure of rock[J]. International journal of rock mechanics and mining sciences & geomechanics abstracts, 1965, 2(4): 389-403.

[83] COOK N G W,HOEK,PRETORIUS J P G,et al.Rock mechanics applied to the study of rockburst[J].Journal of the South African Institute of Mining and Metallurgy,1966,66:436-528.

[84] BRADY B H G,BROWN E T.Rock Mechanics [M].Dordrecht:Springer Netherlands,1985:240-259.

[85] KIDYBIŃSKI A.Bursting liability indices of coal[J].International journal of rock mechanics and mining sciences & geomechanics abstracts,1981, 18(4):295-304.

[86] SINGH S P.Burst energy release index[J].Rock mechanics and rock engineering,1988,21(2):149-155.

[87] SINGH S P.Classification of mine workings according to their rockburst proneness[J].Mining science and technology,1989,8(3):253-262.

[88] HOMAND F,PIGUET J P,REVALOR R,et al.Dynamic phenomena in mines and characteristics of rocks[C]//Proceedings of 2nd International Symposium on Rockbursts and Seismicity in Mines,Minneapolis,June 8- 10,1988.Rotterdam:A. A. Balkema,1990.

[89] BIENIAWSKI Z T,DENKHAUS H G,VOGLER U W.Failure of fractured rock[J].International journal of rock mechanics and mining sciences & geomechanics abstracts,1969,6(3):323-341.

[90] WAWERSIK W R,FAIRHURST C.A study of brittle rock fracture in laboratory compression experiments[J].International journal of rock mechanics and mining sciences&geomechanics abstracts, 1970, 7(5): 561-575.

[91] HUDSON J A,CROUCH S L,FAIRHURST C.Soft,stiff and servo-con-

trolled testing machines:a review with reference to rock failure[J].Engineering geology,1972,6(3):155-189.

[92] BIENIAWSKI Z T.Mechanism of brittle fracture of rock[J].International journal of rock mechanics and mining sciences & geomechanics abstracts，1967,4(4):425-430.

[93] 齐庆新,彭永伟,李宏艳,等.煤岩冲击倾向性研究[J].岩石力学与工程学报,2011,30(增刊1):2736-2742.

[94] 李玉生.冲击地压机理及其初步应用[J].中国矿业学院学报,1985,14(3):37-44.

[95] 齐庆新,毛德兵,王永秀.冲击地压的非线性非连续特征[J].岩土力学,2003,24(增刊2):575-579.

[96] 章梦涛,潘一山,刘成丹.矿井煤岩体变形失稳问题的研究[J].阜新矿业学院学报(自然科学版),1992,11(2):13-19.

[97] 章梦涛.冲击地压失稳理论与数值模拟计算[J].岩石力学与工程学报,1987,6(3):197-204.

[98] 章梦涛,徐曾和,潘一山,等.冲击地压和突出的统一失稳理论[J].煤炭学报,1991,16(4):48-53.

[99] 潘一山,章梦涛,李国臻.稳定性动力准则的圆形洞室岩爆分析[J].岩土工程学报,1993,15(5):59-66.

[100] 梁冰,章梦涛.矿震发生的粘滑失稳机理及其数值模拟[J].阜新矿业学院学报(自然科学版),1997,16(5):521-524.

[101] 桑博德.突变理论入门[M].凌复华,译.上海:上海科学技术出版社,1983.

[102] 潘一山,章梦涛.用突变理论分析冲击地压发生的物理过程[J].阜新矿业学院学报,1992(1):12-18.

[103] 尹光志,李贺,鲜学福,等.煤岩体失稳的突变理论模型[J].重庆大学学报(自然科学版),1994,17(1):23-35.

[104] 潘岳,王志强.狭窄煤柱冲击地压的折迭突变模型[J].岩土力学,2004,25(1):23-30.

[105] 潘岳,王志强.岩体动力失稳的功、能增量:突变理论研究方法[J].岩石力学与工程学报,2004,23(9):1433-1438.

[106] 徐曾和,李刚常.狭窄煤柱冲击地压发生的判别准则[J].力学与实践,1993,15(1):44-47.

[107] 高明仕,窦林名,张农,等.煤(矿)柱失稳冲击破坏的突变模型及其应用[J].中国矿业大学学报,2005,34(4):433-437.

[108] 左宇军,李夕兵,马春德,等.动静组合载荷作用下岩石失稳破坏的突变理论模型与试验研究[J].岩石力学与工程学报,2005,24(5):741-746.

[109] 闫长斌,徐国元,李夕兵.爆破震动对采空区稳定性影响的 FLAC3D 分析[J].岩石力学与工程学报,2005,24(16):2894-2899.

[110] 王来贵,黄润秋,张倬元,等.超前强扰诱发岩石力学系统失稳及其防灾意义的探讨[J].自然灾害学报,1997,6(2):55-59.

[111] XIE H, PARISEAU W G. Fractal character and mechanism of rock bursts[J].International journal of rock mechanics and mining sciences & geomechanics abstracts,1993,30(4):343-350.

[112] 李廷芥,王耀辉,张梅英,等.岩石裂纹的分形特性及岩爆机理研究[J].岩石力学与工程学报,2000,19(1):6-10.

[113] 李玉,黄梅,廖国华,等.冲击地压发生前微震活动时空变化的分形特征[J].北京科技大学学报,1995,17(1):10-14.

[114] VARDOULAKIS I.Rock bursting as a surface instability phenomenon [J].International journal of rock mechanics and mining sciences & geomechanics abstracts,1984,21(3):137-144.

[115] DYSKIN A V,GERMANOVICH L N.Model of rockburst caused by crack growing near free surface[C]//3rd International Symposium on Rockbursts and Seismicity in Mines.Rotterdam:A. A. Balkema,1993:169-174.

[116] 缪协兴,安里千,翟明华,等.岩(煤)壁中滑移裂纹扩展的冲击矿压模型[J].中国矿业大学学报,1999,28(2):113-118.

[117] 张晓春.煤矿岩爆发生机制研究[J].岩石力学与工程学报,1999,5(4):492-493.

[118] 张晓春,缪协兴,杨挺青.冲击矿压的层裂板模型及实验研究[J].岩石力学与工程学报,1999,18(5):507-511.

[119] 黄庆享,高召宁.巷道冲击地压的损伤断裂力学模型[J].煤炭学报,2001,26(2):156-159.

[120] 冯涛,潘长良.洞室岩爆机理的层裂屈曲模型[J].中国有色金属学报,2000,10(2):287-290.

[121] 齐庆新,刘天泉,史元伟,等.冲击地压的摩擦滑动失稳机理[J].矿山压力与顶板管理,1995,12(3):174-177.

[122] 潘立友,杨慧珠.冲击地压前兆信息识别的扩容理论[J].岩石力学与工程学报,2004,23(增刊1):4528-4530.

[123] 姜耀东,赵毅鑫,刘文岗,等.煤岩冲击失稳的机理和实验研究[M].北京:

科学出版社,2009.

[124] 窦林名,何学秋.煤岩混凝土冲击破坏的弹塑脆性模型[C]//中国岩石力学与工程学会.岩石力学新进展与西部开发中的岩土工程问题.北京:中国科学技术出版社,2002:158-160.

[125] 窦林名,陆菜平,牟宗龙,等.冲击矿压的强度弱化减冲理论及其应用[J].煤炭学报,2005,30(6):690-694.

[126] 陆菜平.组合煤岩的强度弱化减冲原理及其应用[D].徐州:中国矿业大学,2008.

[127] 牟宗龙.顶板岩层诱发冲击的冲能原理及其应用研究[D].徐州:中国矿业大学,2007.

[128] 高明仕.冲击矿压巷道围岩的强弱强结构控制机理研究[D].徐州:中国矿业大学,2006.

[129] 李志华.采动影响下断层滑移诱发煤岩冲击机理研究[D].徐州:中国矿业大学,2009.

[130] 陈国祥.最大水平应力对冲击矿压的作用机制及其应用研究[D].徐州:中国矿业大学,2009.

[131] 曹安业.采动煤岩冲击破裂的震动效应及其应用研究[D].徐州:中国矿业大学,2009.

[132] 巩思园.矿震震动波波速层析成像原理及其预测煤矿冲击危险应用实践[D].徐州:中国矿业大学,2010.

[133] 徐学锋.煤层巷道底板冲击机理及其控制研究[D].徐州:中国矿业大学,2011.

[134] 窦林名,何学秋.采矿地球物理学[M].北京:中国科学文化出版社,2002.

[135] GIBOWICZ S J.The mechanism of large mining tremors in Poland[C]//Rockbursts and Seismicity in Mines.Johannesburg:South African Institute of Mining and Metallurgy,1984:17-28.

[136] GIBOWICZ S J,KIJKO A.An introduction to mining seismology[M].San Diego:Academic Press,1994.

[137] LUO X,HATHERLY P,WANG S.Mapping of tensile failures in longwall mining through new microseismic procedures[R].ACARP project 8013,Australia,2001.

[138] LUO X,HATHERLY P.Application of microseismic monitoring to characterise geomechanical conditions in longwall mining[J].Exploration geophysics,1998,29(3/4):489-493.

[139] KRAY L, ERIK W, PETER S, et al. Three-dimensional time-lapse velocity tomography of an underground longwall panel[J]. International journal of rock mechanics and mining sciences, 2008, 45(4): 478-485.

[140] LURKA A. Location of high seismic activity zones and seismic hazard assessment in Zabrze Bielszowice coal mine using passive tomography[J]. Journal of China University of Mining and Technology, 2008, 18(2): 177-181.

[141] HANSON D R, VANDERGRIFT T L, DEMARCO M J, et al. Advanced techniques in site characterization and mining hazard detection for the underground coal industry[J]. International journal of coal geology, 2002, 50(1/2/3/4): 275-301.

[142] SHEN B, KING A, GUO H. Displacement, stress and seismicity in roadway roofs during mining-induced failure[J]. International journal of rock mechanics and mining sciences, 2008, 45(5): 672-688.

[143] HASEGAWA H S, WETMILLER R J, GENDZWILL D J. Induced seismicity in mines in Canada—an overview[J]. Pure and applied geophysics, 1989, 129 (3/4): 423-453.

[144] 窦林名, 刘贞堂, 曹胜根, 等. 坚硬顶板对冲击矿压危险的影响分析[J]. 煤矿开采, 2003, 8(2): 58-60.

[145] 唐巨鹏, 潘一山, 徐方军. 上覆砾岩运动与冲击矿压的关系研究[J]. 煤矿开采, 2002, 7(2): 49-51.

[146] 徐学锋, 窦林名, 曹安业, 等. 覆岩结构对冲击矿压的影响及其微震监测[J]. 采矿与安全工程学报, 2011, 28(1): 11-15.

[147] 马其华. 长壁采场覆岩"O"型空间结构及相关矿山压力研究[D]. 青岛: 山东科技大学, 2005.

[148] 汪华君. 四面采空采场"θ"型覆岩多层空间结构运动及控制研究[D]. 青岛: 山东科技大学, 2006.

[149] 成云海, 姜福兴, 张兴民, 等. 微震监测揭示的 C 型采场空间结构及应力场[J]. 岩石力学与工程学报, 2007, 26(1): 102-107.

[150] 侯玮, 姜福兴, 王存文, 等. 三面采空综放采场"C"型覆岩空间结构及其矿压控制[J]. 煤炭学报, 2009, 34(3): 310-314.

[151] 王存文, 姜福兴, 孙庆国, 等. 基于覆岩空间结构理论的冲击地压预测技术及应用[J]. 煤炭学报, 2009, 34(2): 150-155.

[153] 闫少宏, 尹希文. 大采高综放开采几个理论问题的研究[J]. 煤炭学报,

2008,33(5):481-484.

[154] 柏建彪.综放沿空掘巷围岩稳定性原理及控制技术研究[D].徐州:中国矿业大学,2002.

[155] QIAN M G.The behaviour of the main roof fracture in longwall mining and its effect on roof pressure[C]//The 28th U.S.Symposium on Rock Mechanics (USRMS).Iucson,1987.

[156] 谢和平,段法兵,周宏伟,等.条带煤柱稳定性理论与分析方法研究进展[J].中国矿业,1998,7(5):37-41.

[157] 李鸿昌.矿山压力的相似模拟试验[M].徐州:中国矿业大学出版社,1988.

[158] 刘波,韩彦辉.FLAC 原理、实例与应用指南[M].北京:人民交通出版社,2005.

[159] 付宝连.弯曲薄板功的互等新理论[M].北京:科学出版社,2003.

[160] 铁摩辛柯,沃诺斯基.板壳理论[M].《板壳理论》翻译组,译.北京:科学出版社,1977.

[161] 王金安,刘红,纪洪广.地下开采上覆巨厚岩层断裂机制研究[J].岩石力学与工程学报,2009,28(增刊1):2815-2823.

[162] BAUMGARDT D R,LEITH W.The Kirovskiy explosion of September 29,1996:example of a CTB event notification for a routine mining blast [J].Pure and applied geophysics,2001,158(11):2041-2058.

[163] 姜耀东,赵毅鑫,宋彦琦,等.放炮震动诱发煤矿巷道动力失稳机理分析[J].岩石力学与工程学报,2005,24(17):3131-3136.

[164] 李夕兵,李地元,郭雷,等.动力扰动下深部高应力矿柱力学响应研究[J].岩石力学与工程学报,2007,26(5):922-928.

[165] 卢爱红.应力波诱发冲击矿压的动力学机理研究[D].徐州:中国矿业大学,2005.

[166] 秦昊.巷道围岩失稳机制及冲击矿压机理研究[D].徐州:中国矿业大学,2008.

[167] 蒋金泉.采场围岩应力与运动[M].北京:煤炭工业出版社,1993.

[168] 王礼立.应力波基础[M].北京:国防工业出版社,2010.

[169] PRUGGER A F,GENDZWILL D J.Fracture mechanism of microseisms in Sakatchewan potash mines[C]//Rockbursts and seismicity in mines. Rotterdam:A.A.Balkema,1993:169-174.